科普管理

U0188134

知难行易 行稳致远

邱成利 —————— 著

重庆大学出版社

图书在版编目（CIP）数据

科普管理 / 邱成利著. -- 重庆 : 重庆大学出版社,
2024.11. -- ISBN 978-7-5689-4847-0

Ⅰ. N4

中国国家版本馆CIP数据核字第2024EA2637号

科普管理

KEPU GUANLI

邱成利　著

策划编辑：王思楠　　　责任印制：张　策

责任编辑：陈　力　　　装帧设计：武思七

责任校对：王　倩　　　内文制作：常　亭

重庆大学出版社出版发行

出版人：陈晓阳

社址：（401331）重庆市沙坪坝区大学城西路 21 号

网址：http://www.cqup.com.cn

印刷：重庆升光电力印务有限公司

开本：720mm×960mm　1/16　印张：22　字数：285千

2024年11月第1版　　2024年11月第1次印刷

ISBN 978-7-5689-4847-0　　定价：78.00元

绪　论

科普是什么？这是从事科普的社会各界人士首先要明确的问题。

科普是活动。"科普是国家和社会普及科学知识、弘扬科学精神、传播科学思想、倡导科学方法的活动，是实现创新发展的重要基础性工作。"[1]

科普管理是指对科普工作进行组织和协调的一系列活动，旨在确保科普事业发展与科普活动的顺利进行和目标的达成。管理主要是对人的管理。科普管理主要是对从事科普工作的机构及工作者的管理，对其他机构和工作者的协调等。管理是指一定组织中的管理者，通过实施计划、组织、领导、协调、控制等职能来协调他人的活动，使别人同自己一起实现既定目标的活动过程。管理是人类各种组织活动中最普遍和最重要的一种活动。人们把研究管理活动所形成的管理基本原理和方法统称为管理学。作为一种知识体系，管理学是管理思想、管理原理、管理技能和方法的综合。随着管理实践的发展，管理学不断充实其内容，成为指导人们开展各种管理活动，有效达到管理目的的指南。[2]科普管理包括对科普活动的策划、实施、宣传、评估，以及对科普资源的有效配置和科学整合。

科普管理主要涉及以下几个方面：

1　中共中央办公厅、国务院办公厅印发《关于新时代进一步加强科学技术普及工作的意见》，《国务院公报》2022 年，第 26 号。

2　孙永正. 管理学 [M]. 北京：清华大学出版社. 2007.

首先，科普管理需要制定科普工作规划、年度计划和策略，明确科普的各种目标、任务和实施方式、保障条件等。包括确定科普的主题、内容、形式和传播渠道，以及制定科普活动的时间进度表、财务预算、责任人等。

其次，科普管理注重科普资源的科学配置和合理整合。科普资源包括科普人员、场馆、设备、资金等，科普管理者需要合理调配这些资源，确保科普工作的顺利进行。

再次，科普管理还包括科普活动的组织和实施。科普管理者需要组织科普团队，明确各成员的职责和任务，并协调各方面的工作同步开展，辅之以宣传，确保科普活动圆满实施。

最后，科普管理需要对科普工作进行总结和评估。通过对科普活动的实施过程和结果进行总结和评估，可以及时发现问题和不足，为后续的科普工作提供有益的经验和教训。

科普管理是一项系统性、综合性的工作，旨在加强科普能力建设，有效开展科普活动，提高公众的科学素养和认知水平，推动科普事业的发展。通过有效的科普管理，可以确保科普工作的质量和效果，推动科学精神弘扬、科学知识普及、科学思想传播、科学方法倡导。

中国共产党和政府高度重视科普事业发展和科普工作，历届党和国家领导人对科普工作作出了一系列重要指示、批示，对科普工作开展和科普事业发展指明了方向。中共中央、国务院 1994 年印发《关于加强科学技术普及工作的若干意见》，中共中央办公厅、国务院办公厅 2022 年印发《关于新时代进一步加强科学技术普及工作的意见》，全国人大常委会 2002 年颁布实施《中华人民共和国科学技术普及法》。中共中央、国务院高度重视科技创新和科学普及的协调发展，科教兴国战略、可持续发展战略、人才强国战略的相继实施，使得中国经济、社会实现了快速发展，取得了巨大成就，建立了现代化工业、农业、服务业体系，拥有了强大的国防实力，教育和医疗卫生水平和人民生活质量显著提高，幸福指数不断升高。党的十八大以来，中国开始实施创新驱动发展战略，坚持自主创新、科技自立自强，全面建设社会主义现代化国家，实现中华民族伟大复兴成为中国发展的战略目标，一系列加强科技创新的战略、规划、政策、措施密集出台，科技创新改变着中国的经济、国防、社会发展与人民生活，中国在成为世界第二大经济体后，正在向世界第一大经济体的目标稳步前行。科普事业的持续健康发展，为实现创新发展奠定了坚实的基础。科技创新、科学普及成为实现创新发展的重要两翼，科学普及是实现创新发展的重要基础性工作。

中国从中央到地方建立了完善的科普管理体系。全国的科普工作由科学技术部负责，建立了全国科普工作联席会议制度，科学技术部任组长，中央宣传部、中国科协任副组长，成员单位 41 个。[1] 省级（自治区、直辖市）人民政府科技厅（科委、科技局）负责省内科普工作，建立省级科普工作联席会议制度。地级市（州、区）人民政府科技局负责市内科普工作，建立市级科普工作联席会议制度。县（县级市、区、旗）人民政府科技部门负责县内科普工作，建立县级科普工作联席会议制度。

科普管理的内容是动态变化和发展的，科普管理对科普事业发展起着十分重要的作用。建立科普管理制度是促进科普事业发展的重要前提和基础，科普管理工作者是科普事业持续健康高质量发展和开展科普活动的重要基础。做好科普工作，必须重视和加强科普管理，建立科学和高效的科普管理体系。

1　由于机构改革，处于动态变化中。

第一章

科普发展历程

科学技术知识只有为公众掌握，不断改变人们的生产和生活方式，提高人们的生活品质和生产效率，才能发挥其推动经济社会进步的巨大作用。科学家由于其掌握了丰富的科学知识和技术方法，可以准确地将科学技术面向公众进行推广、应用、普及。因而科学传播的使命首先就落到了科学家、科技人员身上。随着经济社会进步，社会分工不断细化，一批专门从事知识教学和传播的行业应需而生，从最初的讲座、培训、示范传授逐渐演进，公众参与的科学技术活动首先在西方世界兴起，逐渐传播到世界各地。

第一节 科学传播进程

  英国科学节是英国历史最悠久的科学节活动。该活动由英国科学促进协会组织，源于英国科学促进协会每年一届的年会——第一次科学节于1831年在约克举办，此后每年分别在英国不同的城市举办，该年会将科学家们集中起来，共同讨论他们在各自领域的突破性工作，更重要的是与广大公众进行交流。在这个过程中，科学技术不断普及，并被越来越多的公众理解和接受，最终成为战胜专制和迷信的利器。新闻媒体出现后，极大地促进了科学传播的发展，扩大了其影响范围。互联网应运而生后，科学传播获得了与以往不同的新传播渠道和速度。互联网正进入自媒体时代，信息源不再是传统媒体独有的资源，媒体开始借助以个人为基础的自媒体获得第一手信息。每当发生突发事件或遭受严重自然灾害之际，由于恐惧、担忧或不明真相等原因，各种各样的谣言或流言最容易滋长，并借助互联网像病毒一样迅速扩散，甚至有可能在极短的时间内演变成一场难以扭转的社会灾难。网络谣言、网络暴力一直困扰着网民，而抗击网络谣言的主要力量就是科学，促使公众掌握基本科学知识、技术方法，具备科学素质基础。

（一）科学传播概念

2000 年，刘华杰和吴国盛先后发表论文，提出了科学传播的概念，并指出传统科普、公众理解科学和科学传播是科普（或科学传播）的三个不同阶段。论文对传统科普进行了反思和批评，提出了一种新的更具包容力的科普理念，并将这一科普理念命名为科学传播。刘华杰指出："称现代科普为科学传播更合适，科学传播是比公众理解科学和传统科普更广泛的一个概念，前者包含后者。"吴国盛认为："我们提出'科学传播'的概念，是把它看成科学普及的一个新的形态，是公众理解科学运动的一个扩展和延续。"这种对传统科普的反思并不是孤立的，它是延续至今的对科学本身所进行的文化反思的一部分。在此前后，也有一些今天被媒体称为科学文化人的学者写过不少文章。一般认为，传统科普是建立在科学主义的意识形态背景之上的，所隐含的前提是，科学必然是好的，必然是促进社会发展的一种力量。由于这种理念，传统科普在机制上是自上而下的；在心态上是俯视的、单向的；在知识形式上是静态的；在内容上是以普及科学知识为主要目的的。而所谓现代科普则应该是平视的、双向交流的、动态的，并以促进公众理解科学活动为核心。同时，现代科普的受众应该是全体国民，而不仅仅是传统科普所针对的"广大青少年"。科普的主体也不应该是传统科普强调的科学家群体，而应该是大众传媒。田松对科学传播概念的提出和发展进行了较为系统的梳理，指出科学传播概念的提出与传统科普和公众理解科学（public understanding of science, PUS）有着很强的关联。[1]

1　田松 . 科学传播——一个新兴的学术领域 [J]. 新闻与传播研究，2007 (2)：81-90，97.

（二）中国科学传播

1. 科学传播逐渐兴起

中国古代更多的是进行文化传播，科学和技术往往是隐含在文化中被传播的。1840年鸦片战争之后，许多传教士陆续进入中国，中国开始出现一些科学和宗教传播者，科学和民主思想逐渐被人们接受，从而为中国科学技术的发展培育了一定的社会基础。到了1914年的五四运动，直接打出了民主和科学的旗号，德先生和赛先生开始进入中国，逐渐为大众所熟知。新中国成立后，中国开始出现了新型的科学技术传播者和机构，活跃在社会各个方面，其中既有科学家、科技工作者、教师、大学生、科普工作者、科普志愿者，也有政府部门、社会组织、媒体、专门机构等，在普及科学知识、弘扬科学精神、传播科学思想、倡导科学方法等方面发挥了重要的作用。同时，科学技术普及开始借助宣传资料、宣传栏、报纸、刊物、书籍、摄影、绘画作品、广播、电影、电视、互联网等媒介广泛开展，深刻地影响了公众，特别是青少年对科学技术的态度，激起了他们对科学技术的兴趣和关注，进而支持并参与科学技术活动。

据中国科协发布的数据，截至2020年底，中国科技人力资源总量为11 234.1万人，继续居世界首位。人力资源结构不断优化，年轻化特点和趋势明显，39岁及以下人群约占3/4；女性科技人力资源增长迅速，性别比例更加趋于均衡。

据科技部统计，2022年全国科普专、兼职人员199.67万人。其中，科普专职人员27.39万人，科普兼职人员172.28万人。中级职称及以上或大学本科及以上学历的科普人员数量达到122.60万人。女性科普人员87.97万人。农村科普人员47.49万人。专、兼职科普讲解与辅导人员

36.72 万人。2022 年全国继续大力推进注册科普志愿者队伍建设，规模达到 686.71 万人。

2. 网络加快科学传播

中国互联网快速发展，取得了惊人的进步，每天经常使用手机、计算机上网的人数屡创新高。监测数据显示，从 2007 年起，中国网民的每月搜索请求超过美国，成为世界上首个月搜索超过 100 亿次的国家。中国互联网络信息中心发布的《中国互联网络发展状况统计报告》显示，截至 2023 年 12 月，中国网民规模达 10.92 亿人，同比增长 24.8%，互联网普及率达 77.5%。这一数据不仅标志着中国互联网的快速发展，也反映了数字技术在国民经济和社会生活中的深入应用。

3. 反向式科普效果好

近年来频发的自然灾害和人为危害，为公众上了一堂堂生动、直观、印象深刻的科普课，短时间内迅速普及了相关的科学知识和防灾、避险、自救、互救的科学方法等。5·12 汶川地震、三聚氰胺奶粉、塑化剂添加、苏丹红使用、日本核辐射、2010 年上海火灾、北京 7·21 水灾等事件令人触目惊心。这也告诉科普工作者，只有公众真正认为对他们有用的科学技术知识和方法，他们才会积极、认真、及时地学习。

4. 科学传播形式多样

科普图书开始摆脱过去较为单一的形式，科普图书中的照片、插图、漫画等比例不断提高。科普绘画、科普动画、科普摄影等为读者展示了别具一格的科普作品，成为一种非常有效的科普表现形式，明显优于单纯靠文字来传播的科普书籍及报刊文章。主流媒体开始加入照片或插图等以提高收看率和增加读者，甚至连高端的《财经》杂志也插入了"看科学"图文科普知识小栏目，足见科普开始成为人们阅读中的兴趣点之一。科学传播借助新媒体如虎添翼，极大地拓展了科学传播领域和影响。

5. 科学普及作用凸显

在科技创新成为世界各国的热点，人们对经济、科技、国防、教育、文化、体育、金融等均予以高度关注之际，科学普及也成为人们谈论得越来越多的热词，科技创新、科学普及形影相随，在人们的工作、生活中发挥着日益重要的作用。科技进步、科技创新一直受到各国的重视。与此同时，科学普及也在影响和改变着中国人民的生活内容与生活品质，最大限度地满足人民对美好生活的向往和追求，成为党和政府的重要发展目标，以及社会各界的共同期待。需求与供给是经济学的基本问题，在满足人们不断增长的科学文化需求方面，改善和提升科学普及的供给任重而道远。

科学普及事业随着中国经济发展、高等教育普及率不断提高而不断发展，科技进步贡献率、社会文明程度持续提高，科普一词出现在人民生活、工作场合及媒体中的频率越来越高，"科普一下"成了做许多工作及事务的必提之词、常做之事。在互联网、新媒体、人工智能、生成式人工智能日益普及、广泛应用的大趋势下，信息传播、知识学习、交通通信、生产方式、生活方式正在发生巨大变化，媒体融合发展已成常态，媒介的新闻文体、内容形式正在向科普方向转变，以迎合人们日益加快的生活节奏及不断变化的喜好与偏好，提升在传播中的影响力。

6. 党和政府高度重视

2016 年 5 月 30 日，习近平总书记在全国科技创新大会上指出："科技创新、科学普及是实现创新发展的两翼，要把科学普及放在与科技创新同等重要的位置。"

2022 年 10 月 18 日，党的二十大提出，要加强国家科普能力建设。

2023 年 2 月 21 日，中共中央总书记习近平在主持中共中央政治局第三次集体学习时强调，要加强国家科普能力建设，深入实施全民科学素质提升行动，线上线下多渠道传播科学知识、展示科技成就，树立热爱科学、崇尚科学的社会风尚。要在教育"双减"中做好科学教育加法，激发青少年的好奇心、想象力、探求欲，培育具备科学家潜质、愿意献身科学研究事业的青少年群体。

2023 年 7 月 20 日，习近平在给"科学与中国"院士专家代表的回信中指出："科学普及是实现创新发展的重要基础性工作。希望你们继续发扬科学报国的光荣传统，带动更多科技工作者支持和参与科普事业，以优质丰富的内容和喜闻乐见的形式，激发青少年崇尚科学、探索未知的兴趣，促进全民科学素质的提高，为实现高水平科技自立自强、推进中国式现代化不断作出新贡献。"

7. 中央印发重要文件

1994 年，中共中央、国务院印发《关于加强科学技术普及工作的若干意见》，主要内容如下。

科学技术的普及程度，是国民科学文化素质的重要标志，事关经济振兴、科技进步和社会发展的全局。因此，必须从社会主义现代化事业的兴旺和民族强盛的战略高度来重视和开展科普工作。贫穷不是社会主义，愚昧更不是社会主义。加强科普工作，提高全民族的科学、文化素质，就是从根本上动摇和拆除封建迷信赖以存在的社会基础。在提高全国人民生活水平的同时，要努力提高精神生活的水准，使科普工作真正成为"两个文明"建设的重要内容，成为实现经济建设转移到依靠科技进步和提高劳动者素质轨道的重要途径，成为实现决策科学化的有力保障，成为培养一代新人的重要措施。提高全民科学文化素质，引导广大干部和人民群众掌握科学知识、应用科学方法、学会科学思维，战胜迷信、愚昧和贫穷，为中国特色社会主义现代化事业奠定坚实基础，是当前和今后一个时期科普工作的重要任务。

要把提高全民科技素质，保障国民经济持续、快速、健康发展，促进"两个文明"建设作为科普工作的中心任务。在提高和统一全党、全社会对科普工作认识的基础上，改善和加强各级党委、政府对科普工作的领导，把它作为一项长期的战略任务常抓不懈，使之成为社会主义精神文明建设和科技工作的重要组成部分。要适应社会主义市场经济发展的要求，充分利用现有的科普队伍和设施，根据经济和社会发展的需要有效地组织、开展科普工作；要通过深化改革，逐步建立、健全科普工作的政策法律体系和支撑服务体系；要动员全社会力量，多形式、多层次、多渠道地开展科普工作，传播科技知识、科学方法和科学思想，使科普工作群众化、社会化、经常化。

要进一步加强和改善党和政府对科普工作的领导。科普工作是国家基础建设和基础教育的重要组成部分，是一项意义深远的宏大社会工程。各级党委和政府要把科普工作提到议事日程，通过政策引导、加强管理和增加投入等多种措施，切实加强和改善对科普工作的领导。全国的科普工作由国家科委牵头负责，制定计划，部署工作，督促检查，实行政策引导。为适应新形势下科普工作面临的新任务，将建立由国家科委牵头、各有关部门参加的联席会议制度，统筹协调和组织全国的科普工作。

中国科协以及其他各群众团体、学术组织都要继续发挥主动性，大力开展日常性、群众性的科普活动。

《中华人民共和国科学技术普及法》（以下简称《科普法》）经中华人民共和国第九届全国人民代表大会常务委员会第二十八次会议于 2002 年 6 月 29 日通过，自公布之日起施行。自《科普法》颁布实施以来，中国的科普事业发生了翻天覆地的变化，党和政府高度重视科普工作，鼓励科普事业发展的政策措施陆续出台，支持和开展科普工作，普及科技知识、弘扬科学精神、传播科学思想、倡导科学方法成为各个部门和地方党委政府的共同责任与义务，举国上下形成了爱科学、学科学、讲科学、用科学的良好氛围。

2005 年，国务院印发《国家中长期科学和技术发展规划纲要（2006—2020 年）》，首次将科学普及与创新文化作为一个专题，明确提出实施全民科学素质行动计划，加强国家科普能力建设，建立科普事业的良性运行机制。

2006 年，国务院颁布《全民科学素质行动计划纲要（2006—2010—2020 年）》，将公民科学素质建设上升为国家行动。

2021 年，国务院颁布《全民科学素质行动规划纲要（2021—2035 年）》，明确了新时代全民科学素质建设的具体目标和重点任务。

2022 年 9 月，中共中央办公厅、国务院办公厅印发《关于新时代进一步加强科学技术普及工作的意见》，共七部分、30 条，明确指出，科学技术普及是国家和社会普及科学技术知识、弘扬科学精神、传播科学思想、倡导科学方法的活动，是实现创新发展的重要基础性工作。对新时代中国科普工作作出了部署和安排，对促进新时代中国科普事业发展具有十分重要的指导意义和作用。

然而，长期从事科普管理和实践的人，常常会感觉科学普及的理论支撑不足，科普政策缺位较多，中国的科普创作水平与发达国家差距较大，科普活动在满足公众多样化需求、科技创新成果及时惠及公众等方面尚存在一些不如人意的问题。

如何认识和理解科普，如何开展科普工作，哪些是科普的主要任务，如何制定科普规划与政策，如何策划和组织科普活动，如何与相关部门合作推进科普事业发展，如何加强科普基础设施建设，丰富科普资源，满足公众日益增长的科普需求，刚刚开始从事科普的人常常会为此而困惑，往往感觉无从入手，有些力不从心。

本书作者常年从事科普管理工作，积累了丰富经验，总结了多年教训。为了让从事科普、关心科普的社会各界人士了解中国的科普事业发展状态，科普的主要内容、法规、规划、政策、资源、活动、措施，将做好科普工作的一些"秘籍"毫无保留地分享给大家，希望能为从事科普管理工作、关注和从事科普的社会各界人士提供必要的帮助。

第二节　科学普及概念

关于科普概念，存在不同的认识和定义，为此进行讨论不是本书的重点，应该说这是一个仁者见仁、智者见智的问题，各种认识和定义各有其合理性，但也都有其不够全面、不够准确的一面。

（一）法律定义

《中华人民共和国宪法》《中华人民共和国科学技术进步法》和《科普法》都对科普作出了阐述或定义，本书采取《科普法》的定义："科普是以公众易于理解和接受的方式弘扬科学精神、普及科技知识、传播科学思想、倡导科学方法的活动"。

2022年9月4日，中共中央办公厅、国务院办公厅印发了《关于新时代进一步加强科学技术普及工作的意见》指出，科学技术普及是国家和社会普及科学技术知识、弘扬科学精神、传播科学思想、倡导科学方法的活动，是实现创新发展的重要基础性工作。简单来说，科普是一种活动。

科学普及简称科普，又称大众科学或者普及科学，是指利用各种传媒以浅显的、通俗易懂的方式，让公众接受自然科学和社会科学知识、推广科学技术的应用、倡导科学方法、传播科学思想、弘扬科学精神的活动。科学普及是一种非正式教育，或者说是一种校外教育、社会教育。

（二）主要内容

1. 普及科学知识

科学知识是人类在改造世界的实践活动中所获得的认识和经验的总和，包括经验知识和理论知识。社会上习惯把科学和技术连在一起，但二者既有密切联系，又有重要区别。简单来说，科学是发现，技术是发明。科学解决理论问题，技术解决实际问题。科学要解决的问题，是发现自然界中确凿的事实与现象之间的关系，并建立理论把事实与现象联系起来；技术的任务则是把科学的成果应用到实际问题中去。科学主要是和未知的领域打交道，其进展，尤其是重大的突破，是难以预料的；技术是在相对成熟的领域内工作，可以进行比较准确的规划。科学知识与人类生存息息相关，是改变世界的重要力量，它源于生活需要，又归于生活之中。

普及科技知识是一种广泛的社会现象，自然科学与人类社会的相互作用生成了科学普及，科技与社会又作为科学普及的"土壤"，哺育它生长。科学技术知识是人类社会发展的重要基础，是科学研究的前提，而科技进步和社会发展则为科学普及不断提供新的生长点，使科普具有鲜活的生命力和浓厚的社会性、时代性。从本质上说，科学普及的基本特点是社会性、群众性、持续性。科学普及可以利用多种流通渠道和信息传播媒介，渗透到各种社会活动之中，作用于公众。现代科学技术是一个庞大而复杂的立体结构体系，具有丰富的内涵和多种社会职能。正确运用科学知识，能够造福人类，创造未来。

2. 弘扬科学精神

《科技进步法》把科学精神的内涵明确为"追求真理、崇尚创新、实事求是"，体现了价值取向、实现路径、行为准则的统一，与加强理性质疑、勇于创新、求真务实、包容失败的创新文化建设一脉相承。科学成就离不开精神支撑。坚持面向世界科技前沿、面向经济主战场、面向国家重大需求、面向人民生命健康，实现高水平科技自立自强，必须大力培育和弘扬科学精神。

科学精神是人类文明中最宝贵的精神财富，它是在人类文明进程当中逐步发展形成的。科学精神源于近代科学的求知求真精神和理性与实证传统，它随着科学实践的不断发展，内涵不断丰富。科学精神集中体现为追求真理，崇尚创新，尊重实践，弘扬理性。科学精神倡导不懈追求真理的信念和捍卫真理的勇气。科学精神坚持在真理面前人人平等，尊重学术自由，用继承与批判的态度不断丰富发展科学知识体系。科学精神鼓励发现和创造新的知识，鼓励知识的创造性应用，尊重已有认识，崇尚理性质疑。科学精神不承认有任何亘古不变的教条，科学有永无止境的前沿。科学精神强调实践是检验真理的唯一标准，要求对任何人所作的研究、陈述、见解和论断进行实证和逻辑检验。科学精神强调客观验证和逻辑论证相结合的严谨的方法，科学理论必须经受实验、历史和社会实践的检验。科学精神的本质特征是倡导追求真理，鼓励创新，崇尚理性质疑，恪守严谨缜密的方法，坚持平等自由探索的原则，强调科学技术要服务于国家民族和全人类的福祉。

在人类发展史上，科学精神曾经引导人类摆脱愚昧、迷信和教条。倡导摆脱神权、迷信和专制的欧洲启蒙运动的主要思想来源于科学的理性精神。科学精神所倡导的崇尚理性、注重实证和唯物主义在推动欧洲国家由封建社会向宪政社会过渡中发挥了重要的作用。

在科学技术的物质成就充分彰显的今天，科学精神更具有广泛的社会文化价值。注重创新已成为最具时代特征的价值取向，崇尚理性已成为社会广为认同的文化理念，追求社会和谐以及人与自然的协调发展日益成为人类的共同追求。在当代中国，富含科学精神的解放思想、实事求是、与时俱进，已经成为中国共产党的思想路线，成为中国人民不断开拓创新、锐意进取的强大思想武器。

科学精神是一种怀疑的、批判的、理性的和实证的精神，是一种去伪存真、实事求是的精神。科学技术深刻影响着国家前途命运，深刻影响着人民生活福祉。科学是人类探索自然同时又变革自身的事业。追求真理、崇尚科学，推动科技事业不断前行，使我们对科学的认识和实践达到了新的境界。科学精神与科学新知、科学思想相伴而生、携手并行，是科学文化深层结构中蕴涵的价值和规范的综合。追求真理，就要以科学的精神对待科学，专注于科研事业，勤奋钻研，不慕虚荣，不计名利，以理性态度发现客观世界的科学规律；崇尚创新，就要树立敢于创造的雄心壮志，敢于提出新理论、开辟新领域、探索新路径，在独创上下功夫，多出高水平的原创成果，为不断丰富科学体系作出贡献；实事求是，就要不迷信学术权威，不盲从既有学说，敢于大胆质疑，认真实证，不断试验。

3. 传播科学思想

科学思想是指在各种特殊科学认识和研究方法的基础上提炼出来的、能够发现和解释其他同类或更多事物的合理观念和推断法则。科学思想包括数学科学中的极限思想、自然科学中的互补思想、生命科学中的进化思想、社会科学中的和谐思想、思维科学中的系统思想、哲学科学中的转化思想，等等。

科学思想简单来讲就是对科学的思考而得出的相关结论，它至少包括掌握基本的科学知识，了解科学发展的历史，知道科学的证伪本质，了解科学的探究过程和基本研究方法，树立正确对待科学的态度，并理解科技与社会二者之间相互影响的关系。思想是一种系统化的理论，具有全面、系统、抽象等特点，对公众的生活和工作发挥着重要的指导作用。因此，离开了科学思想的指导，人的行为、团体的行为就会迷失方向，找不到目标。

4. 倡导科学方法

科学方法是人们在认识和改造世界中遵循或运用的、符合科学一般原则的各种途径和手段，包括在理论研究、应用研究、开发推广等科学活动过程中采用的思路、程序、规则、技巧和模式。科学方法是人类在所有认识和实践活动中所运用的全部正确的方法，也是人类所有认识方法中比较高级、复杂的方法。科学方法对公众的生活和工作发挥着十分重要的作用。光有科学理论是不够的，必须掌握科学方法，才能处理实际问题，参与公共事务。中国目前普遍存在着注重理论、轻视实践的问题，特别是公众轻视动手能力，导致动手能力减弱。应该知识与方法并重。光有知识，没有科学方法是不行的，特别是实验方法和动手制作、操作能力。

（三）重点任务

面对新时代公众科普新需求，科普工作要根据新形势、新使命、新目标、新要求，明确科普工作的重点任务。

1. 科普工作价值引领功能

将培育和践行社会主义核心价值观贯穿科普工作的全过程，不断巩固壮大积极健康向上的主流思想舆论，提高全民科学文化素质和全社会文明程度。深入挖掘、广泛宣传中华传统文化中的科技内涵，加强中国特色科学文化建设，坚定文化自信、创新自信。在各类公共场所增加科普功能、增建科普设施。充分发挥科普网站、科普平台的作用，引导和支持网络公众科普力量发展，加大网络科普优质内容供给。

深刻理解和准确把握新时代科学精神和科学家精神的内涵，把科学精神和科学家精神融入创新实践，在全社会形成尊重知识、崇尚创新、尊重人才、热爱科学、献身科学的浓厚氛围。创新宣传方式和手段，鼓励运用多种形式开展科学精神和科学家精神的宣传报道，增强传播效果、扩大传播范围。推动建设一批科学精神和科学家精神教育基地。推动学风作风和科研诚信建设，营造良好学术生态，为科技创新营造风清气正的环境。

依托权威专家队伍，整治网络传播中以科普名义欺骗群众、扰乱社会、影响稳定的行为，批驳伪科学和谣言信息，净化网络科普生态。坚决破除封建迷信思想，抵制伪科学、反科学，打击假借科普名义进行的抹黑诋毁和思想侵蚀活动。加强少数民族地区、边疆地区、农村地区的科普工作，推进移风易俗，带动树立科学文明新风尚。

2. 加强国家科普能力建设

制定支持科普创作的政策措施，完善科普创作扶持办法，鼓励科普原创作品创作出版，引导社会力量参与科普创作。实施科普精品工程，培育高水平的科普创作中心。推动制定实施优秀科普和科幻作品创作计划。搭建科普创作研究平台，健全科学家与创作人员交流机制，积极培养创作队伍。完善国家、地方科普作品评奖体系，加大优秀科普作品奖励力度，提升优秀科普作品推介水平，激励更多优秀作品创作出版。

制定完善科普基地管理办法，统筹各地方、相关部门科普基地建设。鼓励支持各级政府部门、科研机构、学校、社会团体、企业等根据公众需要，建设具有地域、产业、学科等特色的国家科普基地。创建一批全国科普教育基地。加强对基础设施、科普产品和展教服务内容等规范管理。促进科技馆均衡发展，推动有条件的地方因地制宜建设科技馆，支持和鼓励多元主体参与科技馆建设。发挥重大科技基础设施、综合观测站等的科普功能，增建科普设施并面向公众开放。推动在博物馆、文化馆、图书馆、规划展览馆、文化活动中心等公共文化设施内增建科普设施，开展科普活动。引导公园、机场、车站、码头、购物中心等公共场所开展科普宣传和科普惠民活动。加快推进乡村科普活动站、科普宣传栏等建设，持续丰富农村科普设施载体。

推动在广播、电视的重要时段，或新闻媒体平台、综合性报刊的重要版面设立科普专栏专题，提升科普内容播出比例，增加科普内容播出时间等。打造具有市场竞争力的科普类期刊。探索科普传播新形式，重视发展科普讲解、科学演示、科学脱口秀等新型传播形式，增强科学传播效果。

大力发展网络科普，发挥网络新媒体传播速度快、互动性强、覆盖面广的优势，支持适应新媒体特点的科普内容创作和传播载体建设。鼓励和支持以短视频、直播等方式通过新媒体网络平台科普，培育一批网络科普品牌。依托中国科普网分步骤建设国家科技资源科普化平台。持续完善科普中国平台建设。推进基层科普服务平台与国家平台间的互通互联，推动形成覆盖全国的科普服务网络，促进优质科普资源的共建共享共用。加快推进科普与大数据、云计算、人工智能等技术深度融合，打造一批科普数字化应用示范场景。

促进科普领域市场化发展。推进科普与科技、文化、旅游、体育等产业融合发展，培育专业化、市场化科普机构。鼓励建立科普园区和企业联盟。探索制定科普产品和服务相关技术标准和规范，提升优质产品和服务的供给能力。引导各类科普机构开展科普展览、影视、书刊、动漫、玩具、游戏及科普旅游产品，服务新时代公众日益增长的品质化、个性化、定制化科普需求。搭建科普产品和服务交易平台，鼓励举办科普产品博览会、交易会。鼓励开展科普亲子活动、定制化讲解、科学导游等增值服务。

3. 推动科普工作全面开展

开展群众性科普活动。组织文化科技卫生"三下乡"、科技活动周、科普日、公众科学日、航天日等国家重大科普示范活动。结合世界地球日、环境日、海洋日、气象日、水日和国际博物馆日等国际纪念日及中国文化和自然遗产日、全民国家安全教育日、防灾减灾日、节能减排周、安全生产月、节水宣传周等，开展形式多样、各具特色的主题科普活动。服务乡村振兴战略，组织实施科技特派团、科技特派员、"科技110"、科技专家和致富能手下乡等农村科普活动。组织开展适合少数民族地区特点的科普活动。引导科研机构、学校、行业协会和学会等各类社会组织、企业参与科普活动，大力提高活动策划组织水平，丰富活动内容、创新活动形式、提升活动效果。

推动科普与学校科学教育深度融合。构建小学、初中、高中阶段循序渐进，校内、校外有机融合的科学教育体系。遴选一批优秀科普工作者以及符合学校需求的科普基地，按照"双向选择"的原则，由学校自主选聘为科技辅导员或合作机构，并参与学校课后服务。鼓励中小学有计划地组织学生到科普场馆和科普基地开展科普活动，激发青少年的好奇心和想象力，增强科学兴趣，培育创新思维和能力。加大优质科学教育资源和精品科普课程的开发，丰富中小学科学教育内容。加强高等教育阶段的科学教育和科普实践，鼓励和支持高校教师、学生开展科普社会实践。

满足人民对美好生活的向往，加大优质科普服务供给，提升公众应用科学知识提升生活质量的能力，促进全社会科学、文明、安全、健康的生活方式形成。围绕健康生活、公共安全、水安全、食品安全、农耕文明、生物技术、自然资源、生态环境、气候变化、建筑科学、文化旅游、体育运动、交通运输、市场监管、计量标准、地震安全等专业领域，加强主题科普内容开发与推广。调动行业部门的积极性，挖掘行业科普资源，开展专题性、系列性科普活动。充分发挥行业学会、协会的联合协同作用，发展行业科普组织，形成高水平的行业科普队伍。

推动将应急科普工作纳入政府应急管理考核范畴，完善各级政府应急管理预案中的应急科普措施，统筹自然灾害、卫生健康、安全生产、应急避难等方面的科普工作，加强政府部门、社会机构、科研力量、媒体等协调联动，建立应急科普资源库和专家库，搭建国家应急科普平台。积极开展应急科普宣传活动，推进面向大众的应急演练、防灾减灾等科普工作，增强科普宣教的知识性、趣味性、交互性。完善应急科普基础设施，推动应急科普融入公众生产、生活。持续提升应急管理人员、媒体从业人员的应急科普能力。

探索建立社会热点科普响应机制，研究社会热点科普的主动推送解决方案，及时响应社会热点，第一时间发布权威科学的解读信息，提升公众的认知能力，做好舆论引导。鼓励和支持社会力量，围绕信息技术、生物医药、高端装备、新能源、新材料、节能环保等公众关注度高的科技创新热点及科技政策法规有针对性地开展科普。

对标新时代国防科普需要，持续提升国防科普能力，更好地为国防和军队现代化建设服务。鼓励广大国防科技工作者积极参与科普工作。鼓励国防科普作品创作出版，支持建设国防科普传播平台。在安全保密许可的前提下，利用退役、待销毁的军工设施和军事装备，进行适当开发，建设一批国防科普基地。适度开放国防科研院所和所属高校的实验室等场所，面向公众开展多种形式的国防科普活动。结合国家重大科普活动开展国防科普宣传。积极推进科普进军营等活动，提高部队官兵科学素质。

4. 科学普及科技创新协同

科技工作者是科普的主要力量，科研机构、大学要调动科技工作者参与科普工作的积极性，为开展科普工作提供必要的保障和支持。科技工作者要通过撰写科普文章、举办科普讲座、参与科普活动、翻译国外科普作品等多种形式开展科普。支持科学家运用专业特长，针对社会关注热点、突发事件和公众疑惑进行权威解读。

围绕科技强国建设的重大成就、重大政策、重点发展领域开展科普宣传，提升公众对新技术、新产业、新业态的认知水平，引导社会形成理解和支持科技创新的正确导向。聚焦前沿技术领域创作优秀科普作品。推动各级各类科技计划（项目、基金）合理设置科普工作任务和考核指标，强化科普内容产出。增强适宜开放的重大科技基础设施、科技创新基地、天文台、植物园、标本馆、地震台（站）等科研设施的科普功能，科研机构和大学在科研工作保质保量完成的前提下，增加向公众开放的时间，开展科普活动。鼓励新建科研设施一体考虑、同步规划科普功能。

针对新技术、新知识开展前瞻性科普，促进公众的理解和认同，推动技术研发与应用。面向关键核心技术攻关，聚焦国家科技发展的重点方向，强化脑科学、量子计算等战略导向基础研究领域的科普，引导科研人员从实践中提炼重大科学问题，为科学家潜心研究创造良好氛围。发挥广大科研人员的科普积极性，引导社会形成理解和支持科技研发的正确导向。

围绕科技成果开发系列科普产品，运用科普引导社会正确认识和使用科技成果，通过科普加快科技成果转化。鼓励科技企业、众创空间、大学科技园等创新载体和专业化技术转移机构结合科技成果转化需求加强科普功能。依托科技成果转移转化示范区、高新技术产业开发区等，搭建科技成果科普宣介平台。鼓励在科普中率先应用新技术，打造应用场景，营造新技术应用良好环境。

开展面向社会公众的科技伦理宣传，推动公众提升科技伦理意识，理性对待科技伦理问题。鼓励科技人员就科技创新中的伦理问题与公众交流。对存在公众认知差异、可能带来科技伦理挑战的科技活动，相关单位及科技人员等应加强科学普及，引导公众科学对待。鼓励各类学会、协会、研究会等搭建科技伦理宣传交流平台，传播科技伦理知识。

5. 提升公民科学文化素质

培育一大批具备科学家潜质的青少年群体。将弘扬科学精神贯穿于育人全过程、各环节。坚持立德树人，实施科学家精神进校园行动，将科学精神融入课堂教学和课外实践活动，激励青少年树立投身建设世界科技强国的远大志向，培养学生爱国情怀、社会责任感、创新精神和实践能力。提升基础教育和科学教育水平，推进职业教育和普通高等教育阶段科学教育和科普工作。建立校内外科学教育资源有效衔接机制。以科学类课程教师为重点加强教师培训，提升教师科学文化素质。在少数民族地区、边远地区实施"小手牵大手"行动，由在校学生向家人进行科普。

提升领导干部和公务员科学履职能力。进一步强化领导干部和公务员对科教兴国战略、创新驱动发展战略等的认识，提高科学履职能力，增强推进国家治理体系和治理能力现代化的本领。深入贯彻落实新发展理念，强化对科学素质建设重要性和紧迫性的认识。加强前沿科技知识和全球科技发展趋势学习，突出科学精神、科学思想培养，增强领导干部和公务员把握科学发展规律的能力。

以提升职业素质为重点，提高产业工人职业技能和创新能力，更好地服务制造强国、质量强国和现代化经济体系建设。开展理想信念和职业精神宣传教育。大力弘扬劳模精神、劳动精神、工匠精神，营造劳动光荣的社会风尚、精益求精的敬业风气和勇于创新的文化氛围。实施技能中国创新行动。发挥企业家对提升产业工人科学素质的示范引领作用。

以提升科技文化素质为重点，提高农民文明生活、科学生产、科学经营的能力，造就一支适应农业农村现代化发展要求的高素质农民队伍，加快推进乡村全面振兴。广泛开展面向农村的科普活动，实施乡村振兴科技支撑行动。加强革命老区、少数民族地区、边疆地区的科普工作。引导社会科普资源向欠发达地区农村倾斜。开展兴边富民行动、边境边民科普活动和科普边疆行活动，大力开展科技援疆援藏，提高边远地区农民科技文化素质。

以提升信息素养和健康素养为重点，提高老年人适应社会发展的能力，实现老有所乐、老有所学、老有所为。实施智慧助老行动，提升老年人信息获取、识别和使用能力，有效预防和应对网络谣言、电信诈骗。开展老年人健康素养促进项目，监测老年人健康素养，开展有针对性的健康教育活动。加强老年人健康科普服务，积极开发老龄人力资源，大力发展老年协会、老科协等组织，充分发挥老专家在咨询、智库等方面的作用。

6. 开展科普国际交流合作

完善科普多边和双边国际交流机制，拓宽科技人文交流渠道，积极加入或牵头创建国际性科普组织。加强民间科普合作交流，鼓励高校、社会组织、企业等开展国际科普交流与合作。鼓励优秀科普作品、展览进行国际交流和推广。鼓励引进国外优秀科普成果。实施国际科学传播行动，合作举办国际科普论坛、科普竞赛等活动。

聚焦自然资源、生态环境、减灾防灾、科学考古、宇宙探索、机器人等世界青少年关注的主题，促进青少年跨地域、跨文化、跨语言的科学互通与交流。组织开展跨国青少年科技竞赛等活动。

发挥中国科技优势特色，推动深空、深海、深地、深蓝等领域的国际科普合作。聚焦粮食安全、能源安全、人类健康、灾害风险、气候变化、环境安全等人类共同挑战，策划组织国际科普活动，增强国际合作共识。围绕先进适用技术领域和科学文化历史领域，加强与共建"一带一路"国家的科普交流合作和科学文明互鉴。

推动科技活动周、科普日、公众科学日等重大科普活动辐射香港、澳门。组织优秀科普展览到香港、澳门展出，联合开展科普夏（冬）令营、科普乐园等青少年科普交流活动。推进海峡两岸科普交流合作，鼓励科普场馆间互展互动，加强优秀科普作品、产品、展品等交流推广。

第三节 科普管理机制

科普管理机制是科普事业持续健康发展的关键。1949 年 10 月 1 日，新中国成立以后，中国政府对科普工作非常重视，将政府管理科普工作职能最初交由文化部负责，后几经变迁，现在由科学技术部负责。科普（科学普及）是指科学知识通过各种传播途径和方式向大众普遍传播的过程，旨在提高公众对科学的认知和理解。为了有效推动科普工作的开展，应制定相应的科普管理制度，以确保科普活动的顺利进行。

科普管理制度对于科普活动的顺利运行和推广起着重要的作用。首先，科普管理制度可以规范科普活动的开展。科普工作通常涉及多个部门和人员的合作，科普管理制度可以明确各部门和人员的职责和义务，确保各项工作有序进行，避免出现混乱和冲突。其次，科普管理制度可以提高科普活动的质量。通过制定具体的规范和标准，科普工作者能够更好地开展工作，确保科普内容准确、科学，并能够满足受众的需求。最后，科普管理制度可以保障科普活动的安全。科普活动通常会面临一些潜在的风险和问题，科普管理制度可以明确安全措施和应急处理方法，确保科普活动安全进行。

科普管理制度的内容可以根据不同组织和机构的需求进行调整和补充，但通常包括以下几个方面：①组织机构和人员职责。明确科普工作的组织机构和各个人员的职责和权限，确保科普工作的高效运行。②科普活动规划和执行。制定科普活动的规划和执行方案，包括活动时间、地点、内容和参与人员等，确保科普活动顺利进行。③科普资金管理。制定科普资金的使用管理规定，包括资金来源、使用范围、使用方式和审批程序等，确保科普资金的合理运用和监督。④科普资源管理。对科普资源进行有效管理，包括科普设施的维护、科普资料的采集和整理、科普展品的管理等，确保科普资源的充分利用和保护。⑤科普评估和反馈。开展科普活动的评估工作，对科普效果进行定量和定性分析，并提供相应的反馈和改进措施。

为了确保科普管理制度有效实施，可以采取以下方法：①制定详细的管理制度文件。将科普管理制度编写成详细的管理文件，并在组织内进行推广和宣传，确保各相关人员能够理解和执行制度。②建立科普管理团队。组建专门的科普管理团队，负责制定和执行科普管理制度，并提供相关的培训和指导。③定期进行科普管理制度的评估和改进。定期对科普管理制度进行评估，发现问题并及时改进，以适应科普工作的需要和发展。

科普管理制度对于推动科普工作顺利开展和提高科普质量具有重要的意义。通过规范科普活动、提高科普质量和保障科普安全，推动科学知识的传播和公众科学素质的提升。建立和完善科普管理制度，是组织和推动科普工作的一项重要任务。

（一）科普管理机构

1. 政府文化部门负责

在新中国成立初期，中国政府就十分重视科普工作，在中央人民政府文化部设立了科学技术普及局，负责领导和管理全国的科普工作。在部门、地方都设立了专门的科普管理机构。政府投入资金建立了一批科普场馆。从中央政府到地方政府，设有科普经费，支持开展科普活动。中国的科普经费主要以政府拨款为主。科技界、科协、学校、媒体出版业、城市社区、企业等社会各界，都积极投身于科普工作之中。

随着科普事业的发展，文化部认为不同领域的科普应该由不同职能部门负责。因此，文化部向国务院建议将其科普职能转到相关部门。

2. 相关部门各自负责

科普工作涉及面很广，涉及对象众多，于是根据文化部的建议，中国政府决定科普工作改为各部门根据各自职能，负责相应的科普工作。农业部负责农业科普，林业部负责林业科普，气象局负责气象科普，地震局负责地震科普。这种状态持续了较长时间。

3. 中国科协具体负责

1950 年，国家决定成立"中华全国自然科学专门学会联合会"和"中华全国科学技术普及学会"。1951 年 10 月，原中央文化部科学普及局的建制转入中央社会主义事业管理局，因而科普协会就成了中国科普工作的实际推动者和组织管理者。1958 年，科普协会与全国科联合并，成立中国科协，从此中国的科普工作归入了中国科协。1978 年，全国科学大会召开，随着国家经济建设和科学技术发展，中国科普事业发展迎来了新的机遇，中国科协将科普作为其重要工作内容，围绕四个现代化建设，面向生产、面向群众、面向基层组织开展大量科普工作，为发展振兴经济服务，为当时的中国科普工作指明了发展方向。中国农村科普工作进入了一个兴旺发达的时期，全国建立了一万多个乡镇科普协会，6万多个专业技术研究会，形成了完整的以县科协为枢纽，以乡镇科协、农村专业技术研究会为基础的农村科普网络体系。无论是科普活动组织、科普作品创作出版，还是科普理论研究、公民科学素质测评等，都全面推进，中国科协在促进科普发展中发挥了重要推进作用。

4. 政府科学技术部门负责

1994 年，中共中央、国务院印发《关于加强科学技术普及工作的若干意见》，提出要进一步加强和改善党和政府对科普工作的领导。科普工作是国家基础建设和基础教育的重要组成部分，是一项意义深远的宏大社会工程。各级党委和政府要把科普工作提到议事日程，通过政策引导、加强管理和增加投入等多种措施，切实加强和改善对科普工作的领导。中共中央、国务院决定："全国的科普工作，由国家科委牵头负责，制定计划，部署工作，督促检查，实行政策引导。"

中国政府对科普工作的管理和协调机构是相对集中型的。为统筹管理和协调各部门的科普活动，使各部门都重视和开展科普工作，丰富和充实国家科普资源，科学技术部负责制定全国科普工作规划，实行政策引导，进行督促检查。

2002 年 6 月 29 日，全国人大常委会颁布实施《科普法》，规定建立科普工作协调机制，政府科技行政部门负责科普工作。

科学技术部（原国家科委）最初在社会发展科技司下设科普处；后来调整到政策法规与体制改革司下设立了科普处；2018 年国务院机构改革，科普工作调整到引进国外智力管理司，设立科普处；2021 年更名为科技人才与科学普及司。该处的职能是：制定国家科普和科学传播规划、政策法规，组织协调国家重大科普活动，进行监督检查等。2023 年，科学技术部职能改革，科技人才与科学普及司改名为科技人才司，内设科普处，具体负责科普行政管理工作。

5. 建立联席会议制度

科技工作包括科技创新和科学普及这两个重要的方面，二者是不可分割的，相互作用，缺一不可。科技创新与科学普及相互协调，才能实现真正意义上的科技进步。

为适应新形势下科普工作面临的新任务，中共中央、国务院决定建立由国家科委牵头、有关部门参加的全国科普工作联席会议制度，统筹协调和组织全国的科普工作。1996年4月，以科学技术部为组长单位，中央宣传部、中国科协为副组长单位的全国科普工作联席会议制度成立了，成员单位由中共中央、国务院和群众团体中涉及科普工作的19个部门组成。随后，中国各地也相应地建立了地方科普联席会议制度，为有效动员各种力量开展科普工作提供了制度上的保证。2002年6月29日，《科普法》颁布实施，进一步确定了科普工作协调机制。2022年，全国科普工作联席会议成员扩展到41个成员单位，科学技术部是组长单位，中央宣传部、中国科协是副组长单位。

（二）科普主要部门

中共中央、国务院的相关部门都是依据其主要职能来开展科普工作的。

1. 科学技术部

科学技术部负责全国科普规划、科普政策的研究制定，全国科普工作的组织协调，负责全国科技活动周活动的组织实施，科普工作的督促、检查等，命名国家科普基地，全国科普统计调查工作，牵头表彰全国科普工作先进集体和先进工作者，奖励全国优秀科普作品，是全国科普工作联席会议组长单位。

2. 中央宣传部

中央宣传部负责科技宣传及科普宣传，对新闻出版、广播电视、电影、文化艺术团体开展科普创作和宣传提出要求等，在弘扬科学精神、普及科学知识方面发挥重要作用。中央宣传部是全国科普联席会议的第一副组长单位，在推进科普事业发展中发挥着重要作用。负责指导和组织重大科普宣传活动，组织文化科技卫生"三下乡"等重大群众性科技活动，会同科学技术部表彰全国科普工作先进集体和先进工作者，对提高全民科学文化素质发挥着重要作用。

3. 中国科协

中国科协是群众性科技团体，其主要功能之一是科学技术普及。科协组织是科普工作的主要社会力量，在中国科协机关设立了科学技术普及部，主管科协系统的科普工作。在中国科协 22 个直属事业单位中，中国科学技术馆、科学普及出版社、中国科普研究所等从事科普事业的有 14 个。中国科协所属 167 个全国性学会，其中 138 个成立了科普工作委员会。全国已建县级以上科协 2881 个，学会 65 482 个，企业科协 10 674 个，大专院校科协 328 个，街道科协 4191 个，乡镇科协、科普协会 32 511 个。科协机构已经形成从中央到地方有系统的完善的科普组织。中国科协是全国科普联席会议的副组长单位，会同科学技术部、中央宣传部表彰全国科普工作先进集体和先进工作者，牵头负责全民科学素质实施工作。

4. 中央组织部

中央组织部负责党员干部的科普工作，组织党员干部科学素质培训工作，是全国科普工作联席会议成员单位。

5. 中央统战部

中央统战部负责统战系统、民主党派及无党派人士科普工作，是全国科普工作联席会议成员单位。

6. 国家发展和改革委员会

国家发展和改革委员会负责发展改革系统科普工作，负责科普基础设施规划工作，是全国科普工作联席会议成员单位。

7. 教育部

教育部负责教育系统科普工作，下设机构中，基础教育司、职业教育与成人教育司、科学技术司、师范教育司、教师司、体育卫生与艺术教育司等依据自己的职能，不同程度地参与科学教育和科普工作。教育部是全国科普工作联席会议成员单位。

8. 工业和信息化部

工业和信息化部负责工业和信息系统科普工作，是全国科普工作联席会议成员单位。

9. 国家民族事务委员会

国家民族事务委员会负责少数民族地区的科普工作，开展双语科普工作。针对少数民族地区的特点，组织适合少数民族需求的各类科普活动，送科技进少数民族地区，提高少数民族科学文化素质。科普工作最初由教育科技司负责，现在由共同发展司负责，是全国科普工作联席会议成员单位。

10. 公安部

公安部负责公安系统科普工作，组织全国公安科技活动周活动等，是全国科普工作联席会议成员单位。

11. 财政部

财政部负责研究制定科普事业投入和科普事业税收优惠政策，涉及教育科学文化卫生司、税政司、关税司等，是全国科普工作联席会议成员单位。

12. 人力资源和社会保障部

人力资源和社会保障部负责人力资源与社会保障系统科普工作，是全国科普工作联席会议成员单位。

13. 自然资源部

自然资源部负责自然资源系统的科普工作，制定自然资源科普规划，会同科学技术部开展国家自然资源科普基地命名，组织自然资源系统各类科普活动，是全国科普工作联席会议成员单位。

14. 生态环境部

生态环境部负责生态环境系统的科普工作，制定生态环境科普规划，会同科学技术部开展国家生态环境科普基地命名，组织各类生态环境科普活动，是全国科普工作联席会议成员单位。

15. 住房和城乡建设部

住房和城乡建设部负责住房与城乡系统科普工作，组织开展相应的科普工作，是全国科普工作联席会议成员单位。

16. 交通运输部

交通运输部负责交通运输系统科普工作，制定交通运输科普规划，会同科学技术部开展国家交通运输科普基地命名，组织"全国交通运输科技活动周"等交通运输科普活动。交通运输部是全国科普工作联席会议成员单位。

17. 水利部

水利部负责水利科普工作，制定水利科普规划，组织开展水利科普活动，是全国科普工作联席会议成员单位。

18. 农业农村部

农业农村部在农业、农村科普工作中起着重要作用。农业农村部下设的科技教育司负责农业科技知识的普及和农业技术推广工作，组织"全国农业科技活动周"等各类科普活动。农业农村部是全国科普工作联席会议成员单位。

19. 文化和旅游部

文化和旅游部负责文化旅游系统科普工作，是全国科普工作联席会议成员单位。

20. 国家卫生健康委员会

国家卫生健康委员会负责卫生健康科普工作，制定卫生健康科普规划，开展各类卫生健康科普活动，是全国科普工作联席会议成员单位。

21. 应急管理部

应急管理部负责应急管理科普工作，制定应急管理科普规划，组织开展应急管理科普活动，是全国科普工作联席会议成员单位。

22. 中国人民银行

中国人民银行负责银行系统科普工作，是全国科普工作联席会议成员单位。

23. 国务院国有资产监督管理委员会

国务院国有资产监督管理委员会负责国有企业系统科普工作，是全国科普工作联席会议成员单位。

24. 海关总署

海关总署负责海关系统科普工作，会同财政部等负责研究制定科普进出口税收政策，是全国科普工作联席会议成员单位。

25. 税务总局

税务总局会同财政部制定国家科普税收政策，组织开展税收科普政策宣传活动，是全国科普工作联席会议成员单位。

26. 国家市场监督管理总局

国家市场监督管理总局负责市场监管领域科普工作，组织开展市场监管科普活动，是全国科普工作联席会议成员单位。

27. 国家新闻出版署

国家新闻出版署负责新闻出版系统科普工作，是全国科普工作联席会议成员单位。

28. 国家广播电视总局

国家广播电视总局负责广播电视系统科普工作，是全国科普工作联席会议成员单位。

29. 国家体育总局

国家体育总局负责体育系统科普工作，是全国科普工作联席会议成员单位。

30. 中国科学院

中国科学院负责中国科学院系统科普工作，充分发挥中国科学院高科技人才密集、科研设施先进的优势，加强各科研机构和科技工作者与社会公众的联系；动员和组织广大科学家和科技工作者以多种形式宣传科技知识；推动有条件的科研单位面向社会开放研究实验室，通过多种方式进行科普。中国科学院的科普工作最初由院士工作局负责，后来由科学传播局负责，2023 年，中国科学院机构改革，科普工作改由学部工作局负责。中国科学院是全国科普工作联席会议成员单位。

31. 中国社会科学院

中国社会科学院负责社会科学院系统科普工作，是全国科普工作联席会议成员单位。

32. 中国工程院

中国工程院负责中国工程院系统科普工作，是全国科普工作联席会议成员单位。

33. 中国气象局

中国气象局负责全国气象科普工作，制定气象科普规划，会同科学技术部开展国家气象科普基地命名，组织"世界气象日""全国气象科技活动周"等各类气象科普活动。中国气象局是全国科普工作联席会议成员单位。

34. 中国地震局

中国地震局负责防震减灾科普工作，制定防震减灾科普规划，组织开展防震减灾科普活动，是全国科普工作联席会议成员单位。

35. 国家粮食和物资储备局

国家粮食和物资储备局负责粮食和物资系统科普工作，是全国科普工作联席会议成员单位。

36. 国家国防科技工业局（国家航天局）

国家国防科技工业局（国家航天局）负责国防科普工作，制定国防科普规划，组织开展国防科普活动。组织开展"中国航天日"活动，是全国科普工作联席会议成员单位。

37. 国家林业和草原局

国家林业和草原局负责全国林业、草原、国家公园科普工作，制定国家林草科普规划，会同科学技术部开展国家林草科普基地命名，开展"全国林草科技活动周"等各类林草科普活动，是全国科普工作联席会议成员单位。

38. 中华全国总工会

中华全国总工会负责工会系统科普工作，是全国科普工作联席会议成员单位。

39. 中央军委科技委

中央军委科技委负责军队和武装警察系统科普工作，组织部队、武警官兵开展科普活动，开展军事科普宣传等活动，是全国科普工作联席会议成员单位。

40. 中国共青团

中国共青团负责共青团和少年先锋队的科普工作，是全国科普工作联席会议成员单位。

41. 全国妇联

全国妇联负责妇联系统科普工作，是全国科普工作联席会议成员单位。

第四节　科普工作内容

中国科普工作内容，大致经历了以科学知识普及为主、以实用技术推广为主、突出科学精神思想、科普步入法治轨道、实施科学素质纲要、创新科普"一体两翼"6 个阶段，每个阶段科普工作的任务与重点是不同的。

（一）科学知识普及为主

1949 年 9 月发布的《中国人民政治协商会议共同纲领》第四十三条规定："努力发展自然科学，以服务于工业、农业和国防的建设，奖励科学的发现和发明，普及科学知识。"科普的主要功能定位在科学知识普及方面。新中国成立初期，中国公民受教育程度低，文盲、半文盲大量存在，所以科普的主要任务是加强文化科学教育，政府有关部门在面向工人、农民、城市居民普及科学文化基本知识方面做了大量工作，在提高广大公众科学文化素质方面发挥了重要的基础作用。

（二）实用技术推广为主

1978 年党的十一届三中全会召开，开启了中国改革开放历史新时期，国外先进技术的引进，加快了中国农业、工业、国防、科学技术的现代化进程。全国科技大会的召开，迎来了中国科学技术发展的春天。在科学技术快速发展的同时，农业实用技术推广普及成为科普的重点任务，学习农业科技知识和实用技术方法成为农民关心的问题。在普及农业科学知识的同时，先进实用技术成果推广有力地促进了农民科学种田的积极性，星火计划的实施使科技兴农取得明显成效，促进了农业增产、农民增收。

（三）突出科学精神思想

1994 年，中共中央、国务院印发的《关于加强科学技术普及工作的若干意见》指出："科普工作是国家基础建设和基础教育的重要组成部分，是一项意义深远的宏大社会工程。"弘扬科学精神、传播科学思想、倡导科学方法与普及科学知识成为科普的主要内容，科普工作迎来新的转变。当时，封建迷信在农村盛行，严重影响了社会稳定。针对这种状况，政府加强科普工作，将之作为科技工作的重要内容，出台一系列政策措施加强科普能力建设，破除封建迷信的不良影响。科普的内容日益丰富，国家召开全国科普工作会议，成立全国科普工作联席会议制度，命名全国青少年科技教育基地，表彰全国科普工作先进集体和先进工作者，组织开展群众性科技活动，科普工作成为政府主导和全社会共同重视和推进的重要工作。

（四）科普步入法治轨道

2002 年 6 月 29 日，《中华人民共和国科学技术普及法》颁布实施，发展科普事业成为国家的长期任务和全社会的共同责任，科普开始纳入国民经济和社会发展计划，县级以上人民政府建立了科普工作协调制度，政府制定科普发展规划，出台鼓励科普事业发展的优惠政策，建设一批科普基础设施，加强科普宣传，组织群众性科技活动，支持科普创作，加大科普宣传，将科普作品纳入国家科技奖励，科普工作步入法治化轨道。

（五）实施科学素质纲要

2006 年、2021 年，国务院相继颁布《全民科学素质行动计划纲要（2006—2010—2020 年）》《全民科学素质行动规划纲要（2021—2035 年）》，实施以青少年、农民、产业工人、老年人、领导干部和公务员 5 个重点群体科学素质提升行动，开展科普能力提升基础工程，推动全民科学素质普遍提升。以提升公众科学素质为目标，推动科普能力建设和科普事业发展取得良好成效。2024 年 2 月 29 日，国家统计局发布《中华人民共和国 2023 年国民经济和社会发展统计公报》，其中的第十部分"科学技术和教育"显示，我国公民具备科学素质的比例达到 14.14%。相比 2022 年，我国公民具备科学素质的比例增长了 1.21 个百分点。

（六）创新科普"一体两翼"

2016 年 5 月 30 日，习近平总书记在全国科技创新大会、两院院士大会、中国科协第九次全国代表大会上指出："科技创新、科学普及是实现创新发展的两翼，要把科学普及放在与科技创新同等重要的位置。"将科普摆在事关国家创新发展全局的高度，其重要作用和价值被政府、社会广泛接受，中国的科普进入新的发展阶段。

　　2023 年 2 月 21 日，习近平总书记在主持中共中央政治局第三次集体学习时强调，要加强国家科普能力建设，深入实施全民科学素质提升行动，线上线下多渠道传播科学知识、展示科技成就，树立热爱科学、崇尚科学的社会风尚。要在教育"双减"中做好科学教育加法，激发青少年的好奇心、想象力、探求欲，培育具备科学家潜质、愿意献身科学研究事业的青少年群体。

　　2023 年 7 月 20 日，习近平总书记在给"科学与中国"院士专家代表的回信中指出："科学普及是实现创新发展的重要基础性工作。希望你们继续发扬科学报国的光荣传统，带动更多科技工作者支持和参与科普事业，以优质丰富的内容和喜闻乐见的形式，激发青少年崇尚科学、探索未知的兴趣，促进全民科学素质的提高，为实现高水平科技自立自强、推进中国式现代化不断作出新贡献。"

第五节　科普主要受众

科普受众广泛，中华人民共和国全体公民都是科普受众。围绕践行社会主义核心价值观，大力弘扬科学精神，培育理性思维，养成文明、健康、绿色、环保的科学生活方式，提高劳动、生产、创新创造的技能。在"十四五"时期，实施青少年、农民、产业工人、老年人、领导干部和公务员 5 个重点群体科学素质提升行动。

（一）青少年

青少年是儿童向成人角色转变的过渡时期，也指由儿童向成人过渡时期的人类生活群体。一般来说，青少年分为 14～17 岁和 18～25 岁两个阶段，14～17 岁为中学时期，18～25 岁为大学时期。

科普要激发青少年的好奇心、想象力、探索欲，增强科学兴趣、创新意识和创新能力，培育一大批具备科学家潜质的青少年群体，为加快建设科技强国夯实人才基础。要重点做好以下工作：

1. 弘扬科学精神

坚持立德树人，将科学精神融入课堂教学和课外实践活动，激励青少年树立投身建设世界科技强国的远大志向，培养学生爱国情怀、社会责任感、创新精神和实践能力。

2. 基础科学教育

引导变革教学方式，倡导启发式、探究式、开放式教学，保护学生对科学的好奇心，激发其求知欲和想象力。完善初高中包括科学、数学、物理、化学、生物学、通用技术、信息技术等学科在内的学业水平考试和综合素质评价制度，引导有创新潜质的学生个性化发展。加强农村中小学科学教育基础设施建设和配备，加大科学教育活动和资源向农村倾斜的力度。推进信息技术与科学教育深度融合，推行场景式、体验式、沉浸式学习。完善科学教育质量评价和青少年科学素质监测评估。

3. 高等科学教育

深化高校教育教学改革，推进科学基础课程建设。深化高校创新创业教育改革，深入实施国家级大学生创新创业训练计划，支持在校大学生开展创新型实验、创业训练和创业实践项目，大力开展各类科技创新实践活动。高校要建立学生科学实验、创业训练场所，加强科学实验指导，聘请社会导师辅导学生创业训练。例如，清华大学建立了 i.Center 中心，专门服务学生科学实验、创业训练的需求。

4. 创新人才培育

建立科学、多元的发现和培育机制，对有科学家潜质的青少年进行个性化培养。开展英才计划、少年科学院、青少年科学俱乐部等工作，探索从基础教育到高等教育的科技创新后备人才培养模式。深入实施基础学科拔尖学生培养计划 2.0，完善拔尖创新人才培养体系。中小学应配备科学实验室、科技馆等。人大附中建立了科学实验楼，北京市八一学校建立了科普实验室。

5. 科学教育资源

引导中小学充分利用科技馆、博物馆、各类科普基地等科普场所开展各类学习实践活动，组织高校、科研机构、医疗卫生机构、企业等开发开放优质科学教育资源，鼓励科学家、工程师、医疗卫生人员等科技工作者走进校园，开展科学教育和生理卫生、自我保护等安全健康教育活动。广泛开展科学日、科技周、科技节、科学营、科技小论文（发明、制作）等科学教育活动。加强对家庭科学教育的指导，提高家长的科学教育意识和能力。加强学龄前儿童科学启蒙教育，组织他们去科技馆参观、玩耍。推动学校、社会和家庭协同育人。

6. 教师科学素质

将科学精神纳入教师培养过程，将科学教育和创新人才培养作为重要内容，加强新科技知识和技能培训。推动高等师范院校和综合性大学开设科学教育本科专业，招收硕士、博士研究生，扩大招生规模。加大对科学、数学、物理、化学、生物学、通用技术、信息技术等学科教师的培训力度。实施乡村教师支持计划。加大科学教师培训力度，改善科学教师结构，从企业、科研机构招收具有高级职称或博士学位的人员，以充实科学教师队伍，提高科学教育水平。

（二）农民

农民指长时期从事农业生产的人。以提升科技文化素质为重点，提高农民文明生活、科学生产、科学经营的能力，造就一支适应农业农村现代化发展要求，具备基本科学素质的农民队伍，加快推进乡村全面振兴。

1. 树立科学观念

重点围绕保护生态环境、节约能源资源、绿色生产、防灾减灾、卫生健康、移风易俗等，深入开展科普宣传，增强农民的科技意识，激发他们学科技的积极性。

2. 基本科技素质

依托农广校等平台开展农民教育培训，大力提高农民科技文化素质，服务农业农村现代化。制定《中国农民科学素质基准》，开展大规模宣传培训，开展农民职业技能鉴定和技能等级认定、农村电商技能人才培训，举办面向农民的技能大赛、科学素质竞赛、乡土人才创新创业大赛等。实施农村妇女素质提升计划，帮助农村妇女参与农业农村现代化建设。

3. 乡村科技支撑

鼓励高校和科研院所开展乡村振兴智力服务，推广科技小院、专家大院、院（校）地共建等农业科技社会化服务模式。深入推行科技特派员制度，支持家庭农场、农民合作社、农业社会化服务组织等新型农业经营主体和服务主体通过建立示范基地、田间学校等方式开展科技示范，引领现代农业发展。引导专业技术学（协）会等社会机构和社会组织开展农业科技服务，将先进适用的品种、技术、装备、设施导入农户，实现小农户增产增收。

4. 科技兴边富民

引导社会科普资源向欠发达地区农村倾斜。开展兴边富民行动、边境边民科普活动和科普边疆行活动，大力开展科普援疆、援藏，提高边远地区农民科技文化素质。提升农村低收入人口职业技能，增强内生发展能力。

（三）产业工人

产业工人主要是指在第一产业的农场、林场，第二产业的采矿业、制造业、建筑业和电力、热气、燃气及水生产和供应业，以及第三产业的交通运输、仓储及邮政业和信息传输、软件和信息技术服务业等行业中从事集体生产劳动，以工资收入为生活来源的工人。亦指在现代工厂、矿山、交通运输等企业中从事集体生产劳动，以工资收入为生活来源的工人。产业工人是先进生产力的代表者，他们最富于组织性、纪律性和革命性，最能代表工人阶级的特性，是工人阶级的主力和骨干。

以提升技能素质为重点，提高产业工人的职业技能和创新能力，打造一支有理想守信念、懂技术会创新、敢担当讲奉献的高素质产业工人队伍，更好地服务制造强国、质量强国和现代化经济体系建设。

1. 职业工匠精神

大力弘扬劳模精神、劳动精神、工匠精神，营造劳动光荣的社会风尚、精益求精的敬业风气和勇于创新的文化氛围。

2. 技能创新活动

开展多层级、多行业、多工种的劳动和技能竞赛，建设劳模和工匠人才创新工作室，统筹利用示范性高技能人才培训基地、国家级技能大师工作室，发现、培养高技能人才。

3. 职业技能提升

在职前教育和职业培训中进一步突出科学素质、安全生产等相关内容，构建职业教育、就业培训、技能提升相统一的产业工人终身技能形成体系。通过教育培训，增强职工安全健康意识和自我保护能力。深入实施进城务工人员职业技能提升计划、求学圆梦行动等，增加进城务工人员教育培训机会，帮助其适应就业市场需求变化，增加就业机会和收入。

4. 产业科学素质

鼓励企业积极培养、使用创新型技能人才，在关键岗位、关键工序培养、使用高技能人才。探索建立企业科技创新和产业工人科学素质提升的双促进机制。推动相关互联网企业做好快递员、网约工、互联网营销师等群体科学素质提升工作。

（四）老年人

《中华人民共和国老年人权益保障法》第二条规定，老年人的年龄起点标准是 60 周岁，即凡年满 60 周岁的中华人民共和国公民都属于老年人。随着社会老龄化的日益加重，中国的老年人越来越多，所占人口比例也越来越高，2010 年中国老年人口（≥65 岁）占总人口比重为8.9%；2011 年中国老年人口比重达 9.1%；2012 年中国老年人口比重达9.4%。截至 2014 年底，中国 80 岁以上的老年人达 2400 多万人，失能、半失能老年人近 4000 万人。2021 年 5 月 11 日，第七次全国人口普查结果显示，中国 60 岁及以上人口为 26 402 万人，占总人口的 18.70%，其中，65 岁及以上人口为 19 064 万人，占总人口的 13.50%。人口老龄化程度进一步加深。

以提升信息素养和健康素养为重点，提高老年人适应社会发展能力，增强获得感、幸福感、安全感，实现老有所乐、老有所学、老有所为。

1. 智慧助老行动

聚焦老年人运用智能技术、融入智慧社会的需求和困难，依托老年大学（学校、学习点）、老年科技大学、社区科普大学、养老服务机构等，普及智能技术知识和技能，提升老年人信息获取、识别和使用能力，有效预防和应对网络谣言、电信诈骗。

2. 健康科普服务

依托健康教育系统，推动老年人健康科普进社区、进乡村、进机构、进家庭，开展健康大讲堂、老年健康宣传周等活动；利用广播、电视、报刊、网络等各类媒体，普及合理膳食、食品安全、心理健康、体育锻炼、合理用药、应急处置等知识，提高老年人健康素养。充分利用社区老年人日间照料中心、科普园地等阵地为老年人提供健康科普服务。

3. 银龄科普行动

积极开发老龄人力资源，大力发展老年协会、老科协等组织，充分发挥老专家在咨询、智库等方面的作用。发展壮大老年志愿者队伍。组建老专家科普报告团，在社区、农村、青少年科普中发挥积极作用。

（五）领导干部和公务员

根据《领导干部报告个人有关事项规定》，领导干部主要指各级机关、人民团体、事业单位、中央企业、国有企业中的县处级副职以上的干部（含非领导职务干部）。公务员，全称为国家公务员，是各国负责统筹管理经济社会秩序和国家公共资源，维护国家法律规定，贯彻执行相关义务的公职人员。在中国，公务员是指依法履行公职、纳入国家行政编制、由国家财政负担工资福利的工作人员。

进一步强化领导干部和公务员对科教兴国、人才强国、创新驱动发展等战略的认识，提高科学决策能力，树立科学执政理念，增强推进国家治理体系和治理能力现代化的本领，更好地服务党和国家事业发展。

1. 创新发展理念

切实找准将新发展理念转化为实践的切入点、结合点和着力点，提高领导干部和公务员科学履职水平，强化其对科学素质建设重要性和紧迫性的认识。尊重科学、崇尚科学应该成为领导干部和公务员的普遍共识，具备基本科学素质应该成为领导干部和公务员的基本要求。

2. 科学素质培训

认真贯彻落实《干部教育培训工作条例》《公务员培训规定》，加强前沿科技知识和全球科技发展趋势学习，突出科学精神、科学思想培养，增强把握科学发展规律的能力。开展面向基层领导干部和公务员，特别是革命老区、少数民族地区、边疆地区、脱贫地区领导干部和公务员的科学基础知识培训工作，不断提升科学素质水平。

3. 加强素质考核

不断完善干部考核评价机制，在各级各类公务员录用考试中，增加科学素质测试，必须符合《中国公民科学素质基准》的基本要求。在领导干部和公务员的任职考察中，强化科学素质有关要求的测试与考察。

对在职公务员、领导干部，可以试行 5 年一次的科学素质考核。

第六节 科普发展状况

中国科普工作在新中国成立之初就受到高度重视，我国《宪法》中明确规定，科技工作包括科技研究和科技普及。中国的科普工作从无到有、从小到大、从弱到强，从个别部门负责到众多部门广泛参与，各负其责，各展其长，合作共赢，科普已经成为党和政府有关部门、科研机构、学校、社会团体、企业，乃至全社会的共同责任。

（一）持续健康发展

据科学技术部发布的年度全国科普统计数据，《科普法》《"十四五"国家科学技术普及发展规划》稳步推进。在各部门、各地区的共同努力下，全国科普工作持续健康发展，为经济社会发展作出了积极贡献。

1. 科普工作经费稳中有升

2022 年，全国共筹集科普工作经费 191.00 亿元。其中，各级政府部门拨款 154.30 亿元，占当年经费筹集额的 80.79%。全国人均科普专项经费 5.30 元。科普活动支出 79.83 亿元，占当年科普经费使用额的 42.00%；科普场馆基建支出 27.67 亿元，占当年科普经费使用额的 14.56%；科普展品、设施支出 19.65 亿元，占当年科普经费使用额的 10.34%。

2. 科普基础设施稳定增长

2022 年全国科技馆和科学技术类博物馆共 1683 个，展厅面积共 622.44 万平方米。其中，科技馆 694 个，科学技术类博物馆 989 个。全国范围内城市社区科普（技）专用活动室 4.87 万个，农村科普（技）活动场地 16.69 万个，青少年科技馆站 569 个，科普宣传专用车 1118 辆，流动科技馆站 1330 所，科普宣传专栏 25.96 万个。

3. 科普人员队伍持续壮大

2022 年全国科普专、兼职人员 199.67 万人。其中，科普专职人员 27.39 万人，科普兼职人员 172.28 万人。中级职称及以上或大学本科及以上学历的科普人员数量达到 122.60 万人。女性科普人员 87.97 万人。农村科普人员 47.49 万人。专、兼职科普讲解与辅导人员 36.72 万人。注册科普志愿者队伍规模达到 686.71 万人。

4. 多种科学传播广泛覆盖

2022 年全国科普传播通过传统媒体和网络媒体的不同渠道，实现多时段、多地域、多人群的广泛覆盖。电视台播出科普（技）节目总时长 18.81 万小时，广播电台播出科普（技）节目总时长 16.46 万小时，科普期刊发行 8301.82 万册，科普图书发行 1.04 亿册，科技类报纸发行 8384.24 万份，科普网站建设 1788 个，科普类微博建设 1845 个，科普类微信公众号建设 8127 个。

5. 科普活动惠及各类人群

2022 年全国各部门共组织科普（技）讲座 110.10 万次，吸引 23.19 亿人次参加；举办科普（技）专题展览 9.70 万次，共有 2.30 亿人次参观；

举办科普（技）竞赛 3.85 万次，参加人数达 3.15 亿人次。建设青少年科技兴趣小组 13.55 万个，参加人数达 863.10 万人次。青少年科技夏（冬）令营活动共举办 6915 次，参加人次为 158.82 万。科研机构和大学向社会开放 6457 所，共接待访问 1614.96 万人次。

科普已经成为政府、社会组织、企业事业单位、媒体、公众十分关注的事业，呈现良好发展势头。

（二）发展主要特点

在中共中央、国务院的高度重视和领导下，各地各部门深入实施《科普法》，加强科普发展规划政策制定，重视科普基础设施建设，聚焦科普供给侧改革，针对公众对科普需求变化，弘扬科学精神、普及科学知识，广泛开展各类科普活动，公众科学文化素质持续提升，科普事业全面发展。主要呈现以下特点：

1. 党的领导是科普发展的根本保障

各级党委政府将科普作为重要工作任务，制定激励政策，建立科普工作联席会议制度，加大政府科普投入，组织动员各级党政部门广泛开展科普活动，加大科普供给侧改革，提高科普公共服务能力和水平。在党和政府的领导推动下，社会各界广泛参与，形成合力，科普工作发展呈现出良好的发展态势。

2. 科普理念内涵形式不断创新变化

科普理念从强调普及科学知识转变到重视弘扬科学精神；科普内涵从强调推广实用技术转变到兼顾知识普及与能力提升；科普形式从强调

单向的知识传输转变到侧重参与互动体验。

3. 科技人员成为科普事业重要力量

从事科普光有热情是不够的，还需要具备一定的专业知识或技能。以科学家、工程师、教师、医生等为代表的科技人员发挥专业特长，从事专业科普活动，满足公众对科学知识的需求，激发公众科学兴趣，提升科普专业化水平，增强科普权威性和影响力，使得科普成为科技人员喜爱和乐于从事的工作，中国的科普工作者队伍发生了根本变化。

4. 移动终端成为科学传播主要渠道

随着信息技术的快速发展，手机的广泛普及，公众获取信息的方式发生显著变化。电话能够方便地实现终端用户之间的呼叫和通话，是经过一百多年的研究和无数次的改进而形成的。据中国移动官网信息，截至 2023 年 12 月底，中国移动的总用户数为 9.91 亿户，其中 5G 套餐用户数达 7.95 亿户，宽带固网用户数为 2.98 亿户。中国电信的总用户数为 3.19 亿，5G 套餐用户数为 4.08 亿户，宽带固网用户数为 1.9 亿户。而中国联通虽然没有公布总用户数，但公布了"大联接"用户数，高达 9.88 亿户，其中 5G 套餐用户数为 2.6 亿户。移动终端成为公众获取科技信息的第一渠道。手机终端的微博、微信、视频号、直播等成为科学传播的主要渠道。

5. 场馆成为公众接触科学重要平台

遍布各地的科技馆、科技类博物馆及流动科技馆，成为公众接触科学、动手实践的重要平台。各类特色科普基地、科普教育基地等成为公众了解科学的重要场所。数字科技馆、虚拟科技馆等成为公众异地接触科学的有效途径。据科学技术部公布的 2022 年度中国科普统计数据，中国拥有 1683 个科普场馆，周末和节假日去科普场馆成为公众的首选目的地之一。

6. 公众科普需求呈现显著个性特征

公众科普需求发生显著变化。基础科学知识、一般实用技术等仍然是公众重要的科普需求。与此同时，公众对科学知识的需求不断细化，个性化需求凸显，知识领域呈现专业化趋势。青少年参与体验科技、动手实验等互动需求日益强烈。

7. 科协组织成为科普主要社会力量

各级科协组织及所属学会、协会积极组织各类科普活动，动员广大科技工作者积极从事科普工作，推进科普理论研究和国际学术交流，为公民科学素质提升发挥了重要作用，成为科普的主要社会力量。

8. 科普产品科普服务市场渐成规模

企业科普产品研发能力不断增强、各类科普产品不断问世，有效地提升了中国科普产品和服务的供给能力，形成了一定市场规模。科普场馆、科普基地、科普活动门票收入和增值服务渐成规模，具有良好的市场发展前景。

（三）问题与新需求

近年来，在相关部门和各地共同努力下，中国科普能力明显增强。科学普及在促进科技创新、推动经济社会发展、提高人民生活质量等方面发挥了重要作用，具有中国特色的科普工作体系初步形成，中国的科普事业取得了长足的发展。然而，与党和政府的要求及人民的迫切需求相比还存在较大差距，面临的问题主要表现在：科技创新与科学普及"一体两翼"发展不平衡，一些地方、部门重科技创新、轻科学普及的现象仍然存在；科普组织领导体系和协调机制不健全；政府科普投入相对较低，人均科普经费少，难以支撑科普工作的开展和作用的有效发挥；科普基础设施较为薄弱，与发达国家差距较大。而且中西部地区科普基础设施缺口较大，科普展品及服务能力不强；科普供给侧未能满足公众快速增长的个性化、多元化需求；对公众关注的热点问题和前沿科技进展响应不足，权威发声不够；应急科普机制不健全，对自然灾害和社会突发事件反应不够及时；公民科学素质总体水平偏低，城乡、区域差别较大。同时，不同地区、不同行业、不同部门科普发展水平参差不齐，科学教育水平较发达国家仍有一定差距。

存在问题的主要制约因素主要表现在：部分地方部门对科普工作重要性认识不足，落实"科学普及与科技创新同等重要"制度安排尚未形成，科普工作理论系统性研究不足，高质量科普产品和服务供给不足、科学精神弘扬不够，《科普法》缺少硬性约束条款，科普经费投入长期不足，部门及区域间差距较大，基层科普基础设施发展不均衡，等等。

针对科普发展存在的主要问题，加强国家科普能力建设，提高科普供给水平，促进科技创新与科学普及协调发展，充分满足新时代中国公众对科普的新需求，是今后科普工作需要解决的当务之急。随着新时代的到来，中国公众对科普的需求也在发生深刻的变化。科普作为传递科学知识、提升公众科学素养、推动社会进步的重要途径，在新时代背景下显得尤为重要。那么，新时代中国公众对科普有哪些新的需求呢？

1. 对科普需求更加多元化

过去的科普内容往往局限于自然科学领域，如物理、化学、生物等。然而，随着社会的快速发展和科技的日新月异，公众对科普的需求已经扩展到了人文社科、医疗健康、环境保护等多个领域。因此，科普工作者需要不断拓展和充实科普内容的边界，最大限度地满足不同领域、不同类别和层次公众的普遍需求。

2. 对科普需求日益个性化

在信息化社会，公众获取信息的渠道越来越丰富，对于科普内容的选择也变得更加个性化。不同的人有不同的兴趣爱好和关注点，不同职业的人有不同的需求和兴趣，不同地区的人兴趣和爱好也是千差万别的。因此，科普工作者需要深入了解公众的需求和兴趣，为他们提供定制化的科普服务。例如，针对儿童群体，可以推出动手操作的互动体验活动；针对青年群体，可以推出寓教于乐的科学实验课程；针对农民，可以推出农业种植养殖技术与方法培训及网络销售农产品知识；针对产业工人，可以推出增强职业技能的培训；针对老年人群体，可以普及健康养生知识；针对领导干部和公务员群体，可以推出现代科技知识讲座和应用人工智能技术的方法，等等。

3. 对科普需求趋向互动化

传统的科普方式往往是单向的，即科普工作者向公众传递知识。随着网络技术日益渗透到生产与生活的方方面面，新时代的公众，特别是青年群体已经不再满足于被动接受知识，他们更希望参与科普活动，与科普工作者进行互动交流。因此，科普工作者需要创新科普形式，充实科普内容，如开展线上线下相结合的科普活动，利用社交媒体等新媒体平台与公众进行互动，提高科普活动的参与度和影响力。

4. 需求科学精神科学思维

随着科技的快速发展，公众不再满足于掌握具体的科学知识，而需要具备科学精神和科学思维，以应对日益复杂的社会问题，凸显个性与价值。因此，科普工作者需要在普及科学知识的同时，注重培养公众的科学精神和科学思维，提高他们的科学素养和解决问题的能力。

5. 公众对于科普事业信任和支持

科普事业作为社会公益事业的重要组成部分，需要得到公众的信任和支持。因此，科普工作者需要不断提高自身的专业素养和职业道德水平，确保科普内容的准确性和权威性；同时，还需要加强与媒体、企业等社会各界的合作，共同推动科普事业的发展。

综上所述，新时代中国公众对科普的需求呈现出多元化、个性化、互动化的特点，需要注重科学精神和科学思维的培养，需要公众信任支持。为了满足这些需求，科普工作者需要不断创新科普形式和内容，提高科普活动的参与度和影响力；同时，还需要加强自身科学素质提升，提高专业素养和职业道德水平，多从事公益活动，赢得周边人及社会公众的信任和支持。科普管理工作者只有了解公众的新需求，提供新的科普供给与服务，满足公众科普需求，才能做好科普工作，推动科普事业在新时代取得更加丰硕的成果。

屈原说："路漫漫其修远兮，吾将上下而求索。"科普管理只有不忘初心、砥砺前行，方得始终。

科普法律法规

第二章

依法治国是国家事业发展的基本依据与主要支撑。科普法律法规在中国科普事业发展中发挥着十分基础和重要的作用。2002 年 6 月 29 日颁布实施的《中华人民共和国科学技术普及法》，使中国成为世界上第一个制定科普法的国家，中国科普事业发展步入了法治化轨道，也标志着中国共产党和政府对科普事业的高度重视。这是中国科普事业持续健康发展的重要基石。

进入新时代，面向变化的社会和公众新需求，科普法律法规需要修订完善，为新时代科普发展提供支撑和保障。

第一节　科普法律地位

（一）《中华人民共和国宪法》关于科普的规定

重视科普是新中国成立之初的重要国策，在 1949 年制定的具有临时宪法意义的《中国人民政治协商会议共同纲领》中就作出了"普及科学知识"的明确规定。

1.《中国人民政治协商会议共同纲领》

1949 年 9 月 29 日，中国人民政治协商会议第一届全体会议选举了中央人民政府委员会，宣告了中华人民共和国的成立，并且通过了起临时宪法作用的《中国人民政治协商会议共同纲领》。这虽不是真正意义上的宪法，却为宪法的订立奠定了基础。涉及科普内容在"第五章　文化教育政策"中：

第四十一条　中华人民共和国的文化教育为新民主主义的，即民族的、科学的、大众的文化教育。人民政府的文化教育工作，应以提高人民文化水平、培养国家建设人才、肃清封建的、买办的、法西斯主义的思想、发展为人民服务的思想为主要任务。

第四十二条　提倡爱祖国、爱人民、爱劳动、爱科学、爱护公共财物为中华人民共和国全体国民的公德。

第四十三条　努力发展自然科学，以服务于工业农业和国防的建设。奖励科学的发现和发明，普及科学知识。

2. 五四宪法

第一部《中华人民共和国宪法》于 1954 年 9 月 20 日经第一届全国人民代表大会第一次会议全票通过。因其在 1954 年颁布，故称其为"五四宪法"。涉及科普的内容在"4. 公民的基本权利和义务"中：

第九十五条　中华人民共和国保障公民进行科学研究、文学艺术创作和其他文化活动的自由。国家对于从事科学、教育、文学、艺术和其他文化事业的公民的创造性工作，给以鼓励和帮助。

3. 七八宪法

1978 年 3 月 5 日，第五届全国人民代表大会第一次会议通过了经重新修改制定的《中华人民共和国宪法》。这是中华人民共和国的第三部宪法。因其在 1978 年颁布，故称其为"七八宪法"。涉及科普内容在"第一章　总纲"中：

第十二条　国家大力发展科学事业，加强科学研究，开展技术革新和技术革命，在国民经济一切部门中尽量采用先进技术。科学技术工作必须实行专业队伍和广大群众相结合、学习和独创相结合。

4. 八二宪法

1982 年 12 月 4 日，中华人民共和国第四部宪法在第五届全国人民代表大会第五次会议上正式通过并颁布。并根据 1988 年 4 月 12 日第七届全国人民代表大会第一次会议通过的《中华人民共和国宪法修正案》、1993 年 3 月 29 日第八届全国人民代表大会第一次会议通过的《中华人民共和国宪法修正案》、1999 年 3 月 15 日第九届全国人民代表大会第二次会议通过的《中华人民共和国宪法修正案》、2004 年 3 月 14 日第十届全国人民代表大会第二次会议通过的《中华人民共和国宪法修正案》、2018 年 3 月 11 日第十三届全国人民代表大会第一次会议第三次全体会议经投票表决通过的《中华人民共和国宪法修正案》进行了修正。涉及科普内容在"第一章　总纲"中：

第二十条　国家发展自然科学和社会科学事业，普及科学和技术知识，奖励科学研究成果和技术发明创造。

（二）《中华人民共和国科学技术进步法》关于科普的规定

全国人大常委会在制定《中华人民共和国科学技术进步法》时，就将"国家普及科学技术知识，提高全体公民的科学文化水平"作为重要法律规定。

1993 年，全国人大常委会颁布实施的《中华人民共和国科学技术进步法》，涉及科普的内容为"第一章　总则　第六条　国家普及科学技术知识，提高全体公民的科学文化水平"。

2007 年，全国人大常委会修订《中华人民共和国科学技术进步法》，涉及科普内容为"第一章　总则　第五条　国家发展科学技术普及事业，普及科学技术知识，提高全体公民的科学文化素质。国家鼓励机关、企业事业组织、社会团体和公民参与和支持科学技术进步活动"。

2021 年，全国人大常委会修订《中华人民共和国科学技术进步法》，涉及科普的内容如下：

1. 第一章　总则

第十二条　国家发展科学技术普及事业，普及科学技术知识，加强科学技术普及基础设施和能力建设，提高全体公民特别是青少年的科学文化素质。

科学技术普及是全社会的共同责任。国家建立健全科学技术普及激励机制，鼓励科学技术研究开发机构、高等学校、企业事业单位、社会组织、科学技术人员等积极参与和支持科学技术普及活动。

2. 第五十一条

利用财政性资金设立的科学技术研究开发机构开展科学技术研究开发活动，应当为国家目标和社会公共利益服务；有条件的，应当向公众开放普及科学技术的场馆或者设施，组织开展科学技术普及活动。

3. 第八十七条

财政性科学技术资金应当主要用于下列事项的投入：

（一）科学技术基础条件与设施建设；

（二）基础研究和前沿交叉学科研究；

……

（八）科学技术普及。

4. 第九十条

从事下列活动的，按照国家有关规定享受税收优惠：

（一）技术开发、技术转让、技术许可、技术咨询、技术服务；

（二）进口国内不能生产或者性能不能满足需要的科学研究、技术开发或者科学技术普及的用品；

（三）为实施国家重大科学技术专项、国家科学技术计划重大项目，进口国内不能生产的关键设备、原材料或者零部件；

（四）科学技术普及场馆、基地等开展面向公众开放的科学技术普及活动；

（五）捐赠资助开展科学技术活动；

（六）法律、国家有关规定的其他科学研究、技术开发与科学技术应用活动。

第二节 《中华人民共和国科学技术普及法》主要内容

（一）科普权利义务

《科普法》规定，科普是全社会的共同责任。

《科普法》对国家机关、武装力量、社会团体、企业事业单位、各类组织的科普权利与义务作出了明确规定。

（1）国家机关、武装力量、社会团体、企业事业单位、农村基层组织及其他组织应当开展科普工作。

公民有参与科普活动的权利。

（2）科普是公益事业，是社会主义物质文明和精神文明建设的重要内容。发展科普事业是国家的长期任务。

国家扶持少数民族地区、边远贫困地区的科普工作。

（3）国家保护科普组织和科普工作者的合法权益，鼓励科普组织和科普工作者自主开展科普活动，依法兴办科普事业。

（4）国家支持社会力量兴办科普事业。社会力量兴办科普事业可以按照市场机制运行。

（5）科普工作应当坚持群众性、社会性和经常性，结合实际，因地制宜，采取多种形式。

（6）科普工作应当坚持科学精神，反对和抵制伪科学。任何单位和个人不得以科普为名从事有损社会公共利益的活动。

（7）国家支持和促进科普工作对外合作与交流。

（二）科普社会责任

《科普法》对科普的社会责任作出了明确规定。

（1）科普是全社会的共同任务。社会各界都应当组织参加各类科普活动。

（2）各类学校及其他教育机构，应当把科普作为素质教育的重要内容，组织学生开展多种形式的科普活动。

科技馆（站）、科技活动中心和其他科普教育基地，应当组织开展青少年校外科普教育活动。

（3）科学研究和技术开发机构、高等院校、自然科学和社会科学类社会团体，应当组织和支持科学技术工作者和教师开展科普活动，鼓励其结合本职工作进行科普宣传；有条件的，应当向公众开放实验室、陈列室和其他场地、设施，举办讲座和提供咨询。

科学技术工作者和教师应当发挥自身优势和专长，积极参与和支持科普活动。

（4）新闻出版、广播影视、文化等机构和团体应当发挥各自优势做好科普宣传工作。综合类报纸、期刊应当开设科普专栏、专版；广播电台、电视台应当开设科普栏目或者转播科普节目；影视生产、发行和放映机构应当加强科普影视作品的制作、发行和放映；书刊出版、发行机构应当扶持科普书刊的出版、发行；综合性互联网站应当开设科普网页；科技馆（站）、图书馆、博物馆、文化馆等文化场所应当发挥科普教育的作用。

（5）医疗卫生、计划生育、环境保护、国土资源、体育、气象、地震、文物、旅游等国家机关、事业单位，应当结合各自的工作开展科普活动。

（6）工会、共产主义青年团、妇女联合会等社会团体应当结合各自工作对象的特点组织开展科普活动。

（7）企业应当结合技术创新和职工技能培训开展科普活动，有条件的可以设立向公众开放的科普场馆和设施。

（8）国家加强农村的科普工作。农村基层组织应当根据当地经济与社会发展的需要，围绕科学生产、文明生活，发挥乡镇科普组织、农村学校的作用，开展科普工作。

各类农村经济组织、农业技术推广机构和农村专业技术协会，应当结合推广先进适用技术向农民普及科学技术知识。

（9）城镇基层组织及社区应当利用所在地的科技、教育、文化、卫生、旅游等资源，结合居民的生活、学习、健康、娱乐等需要开展科普活动。

（10）公园、商场、机场、车站、码头等各类公共场所的经营管理单位，应当在所辖范围内加强科普宣传。

第三节　《中华人民共和国科学技术普及法》实施情况

（一）科普持续健康发展

1. 中国科普事业走上依法发展轨道

《科普法》的颁布实施，使得中国科普有法可依，走上了法治化的发展轨道。25 个省市自治区制定或修订了《科普条例》，4 个省制定了《科普法》实施办法，切实推动科普工作顶层设计；中共中央、国务院深入实施《科普法》，制定了鼓励科普发展的政策措施。财政部、税务总局、海关总署、科学技术部、工业和信息化部制定出台了科普税收优惠政策及实施办法，对科普出版物予以减税，对科普场馆、科普基地、科普活动的门票收入免征增值税，对进口的科普影视作品、科普展品、科学仪器、专用软件免征关税和进口环节增值税。中央宣传部会同科学技术部等部门制定加强科普宣传的相关政策。科学技术部于 2005 年在国家科技进步奖中设立了科普作品奖，60 余部科普作品获得国家科技进步二等奖。中国科学院出台了研究生科普学分政策。

2. 科普成为国家科技规划重要内容

科普工作作为科技工作的重要组成部分，是国家科技发展规划的重要内容。国务院 2005 年印发的《国家中长期科学和技术发展规划纲要（2006—2020 年）》，科普是其中的重要内容。国务院 2006 年印发了《全民科学素质行动计划纲要（2006—2010—2020 年）》，2021 年印发了《全民科学素质行动规划纲要（2021—2035 年）》。国务院 2016 年印发的《"十三五"国家科技创新规划》，科普和创新文化建设成为重要的一篇。

3. 激励科普发展政策措施陆续出台

为实施《科普法》，相关部门相继制定科普相关政策举措，积极推动科普事业发展。中央组织部推动在党校、行政学院开设科普课程，大力提升领导干部和公务员科学素质；中央宣传部牵头印发了《关于丰富和完善科普宣传载体进一步加强科普宣传工作的通知》，大力加强科普宣传。中央宣传部、科学技术部、工信部、财政部、海关总署、税务总局、广电总局出台了"十四五"期间科普税收优惠政策，积极引导社会力量参与科普；中国科学院、科学技术部制定《关于加强中国科学院科普工作的若干意见》，推出了研究生做科普计入学分政策，充分调动了学生做科普的积极性；国家民委、应急部、教育部、地震局等部门制定加强防震减灾科普工作的意见，进一步提高全社会防御地震灾害的知识水平和能力；水利部、交通运输部、林草局、共青团中央等部门制定了加强行业科普的指导意见，卫生健康委印发了健康科普信息生成与传播指南，住建部积极推动科普基地建设，市场监管总局印发了科普基地认定管理办法。

各地方积极推进科普工作，重庆、宁夏、福建等地出台了"十四五"科普发展规划，明确科普发展的方向；江西、新疆等地建立完善科普联席会议制度，进一步提升了科普工作统筹协同能力；山西、湖南等地设立科普发展专项，有效推动科技资源运用于科普；北京、天津、重庆等地开展了科学传播职称评定的有益探索，调动科技人员投身于科普的积极性。

在相关部门和各地方大力支持和共同努力下，全国科普工作社会影响力持续提升。

4. 国家科普资源能力建设明显增强

根据《科普法》相关规定，科学技术部等部门于 2007 年制定了《关于加强国家科普能力建设的若干意见》，对推进国家科普能力建设发挥了重要指导作用。科学技术部建设命名了 2 个国家科普示范基地，生态环境部、自然资源部、交通运输部、中国科学院、气象局、体育总局、林草局等部门会同科学技术部，建设命名了一批国家特色科普基地，这些基地已成为开展科普工作的重要平台；中国科协、发展改革委大力推动建设现代科技馆体系，全国 330 家科技馆免费开放。中国科协建设命名了 1274 个全国科普教育基地；文旅部积极推动图书馆、博物馆、文化馆等公共文化基础设施联动，切实发挥科普功能。据不完全统计，全国各地建设命名各类科普基地 3281 个，科普基础设施布局日益完善。

5. 群众科学技术普及活动广泛开展

中央宣传部等部门坚持每年组织文化科技卫生"三下乡"活动。科学技术部会同中央宣传部等部门开展全国科技活动周活动。中国科学院组织公众科学日活动，中国科协组织全国科普日活动等。科学技术部牵头组织的全国优秀科普作品推荐、全国科普讲解大赛，会同中国科学院组织的全国科普微视频大赛、全国科学实验展演汇演、科学之夜等活动深受欢迎，社会各界广泛参与。各部门开展的形式多样、丰富多彩、妙趣横生的科普活动，充分营造了爱科学、学科学、讲科学、用科学的良好社会氛围。

6.公民科学文化素质水平持续提升

科学素质是科普工作的重要内容,围绕提高全民科学素质,中共中央、国务院有关部门通力合作,围绕针对青少年、农民、领导干部和公务员、老年人等开展科学素质提升行动做了一系列工作。科学技术部、中央宣传部2013年颁布了《中国公民科学素质基准》,对指导科学素质工作指明了方向。2023年中国公民具备科学素质的比例达到14.14%,为促进中国公民的全面发展,推动社会文明程度提高奠定了坚实基础。

7.营造激励科技创新社会文化氛围

各类科普活动的广泛开展,激发了公众特别是青少年对科学的兴趣和好奇心。科研机构、大学向社会开放,开展科普活动,丰富和充实了科普资源,为广大公众带来了获得感、喜悦感、幸福感,促进了公众对科学的理解,增强了公众的科技意识,使公众充分认识了科技创新的重要作用和价值,营造了尊重知识、尊重科学、尊重创造的良好社会风尚,培育了鼓励创新、宽容失败的良好创新文化氛围。

(二)发挥重要导向作用

1.科普协调机制普遍建立

根据中共中央、国务院印发的《关于加强科普工作的若干意见》和《科普法》的相关规定,成立了全国科普工作联席会议制度,科学技术部为组织单位,中央宣传部、中国科协为副组长单位,成员单位包括中共中央、国务院、军队共41个部门。许多部门建立了科普工作领导小组或办公室等。北京、天津、上海、重庆等地方普遍建立了科普工作联席会议制度或相应的协调机制。联席会议机制在指导科普工作开展,制定科普政策，集成科普资源，推进科普基础设施和基地建设，组织科普活动，提高公民科学素质方面发挥了重要作用。

2. 科学技术部门制定科普规划

制定科普规划是《科普法》赋予科学技术行政管理部门的重要职责。《科普法》颁布实施以来，科学技术部牵头制定了历次国家科普发展五年规划，2016 年，科学技术部、中央宣传部印发了《"十三五"国家科普和创新文化建设规划》，2022 年，科学技术部、中央宣传部、中国科协联合印发了《"十四五"国家科学技术普及发展规划》。

3. 政府行政部门推动行业科普

生态环境部、自然资源部、中国科学院、中国气象局、人民银行、农业农村部、粮食和储备局等相关部门举办金融科技周、农业科技周、粮食科技周、职业教育活动周、气象科技周、林草科技周、交通运输科技周；生态环境部、国防科工局等相关部门围绕环境日、航天日、地球日、防灾减灾日、气象日、科技工作者日等重大科技节日广泛开展科普活动；人社部、工信部、全国总工会等部门组织全国职工职业技能大赛，全国妇联积极组织妇幼科普活动；国资委鼓励科技型企业开展科普活动；工程院组织院士办科普讲座；社科院积极开展社会科学普及。

4. 科协组织成为科普主要力量

中国科协大力推动构建高质量科普服务体系，提升服务科技工作者的能力，创新组织动员机制，建立长效机制和模式，探索资源共建共享机制和激励机制，大力发展科普人才队伍，深化科普供给侧改革，实施科技场馆体系建设工程，构建品牌、平台、机制、队伍、改革、阵地六维一体构成的高质量服务体系。持续提升科普服务能力，加强科普信息化建设，"科普中国"品牌平台资源总量已经超过 53 TB，浏览量、传播量超过 416 亿人次。推进科技馆免费开放，目前全国有 330 多座科技馆免费开放，实施全国科技馆联接计划，推动优质资源流动共享。加强科普队伍建设，科普中国专家库签约总量有 4 千多位，开展高层次的科普人才培养，全国实名注册科技志愿者 204 万人，志愿服务组织 4.78 万个。联合教育部、科学技术部、中央广播电视总台连续组织开展天宫课堂授课，成为中国科普教育活动的重大实践。2023 年中国公民具备科学素质的比例达到 14.14%，为促进人的全面发展，推动社会文明程度提高奠定了坚实基础。

5. 科研机构学校开展科普

科研机构、大学的实验室等科研设施面向社会开放，广泛开展各类科普活动，接待公众参观，满足了公众对科技的迫切需求。2006 年，根据《科普法》相关规定，科学技术部等八个部门制定了《科研机构和大学向公众开放开展科普活动的意见》，有效促进了科研设施面向公众开放。中国科学院举办的公众科学日、科学节活动，使其成为最受公众欢迎的科研机构之一，开放日当天，中国科学院的研究所里涌进大批公众，中小学生是最积极的参与者，各个实验室里挤满了好奇的参观者。据统计，每年向公众开放的科研机构和大学达到 9000 多所，接待公众 1000 万人次左右。

6. 新闻出版机构宣传科普

中央宣传部高度重视科普宣传，对宣传部门和新闻机构提出明确要求。中央宣传部、科学技术部、卫生健康委、应急管理部、中国科协联合印发关于加强科普宣传的通知。国家网信办、科学技术部、中国科协牵头，会同公安部等多个部门净化网络生态。各类媒体积极加强科普报道、传播。

7. 企业组织科普技能培训

企业开展科普活动，建设企业科技馆，面向公众开放。国有大企业结合技术创新和职工技能培训，组织开展形式多样的科普活动，建立了一批向公众开放的科普场馆和设施。高新技术企业在企业建设中纷纷增建企业科技馆，面向公众开放。安徽省合肥市国家高新区的许多量子科技公司，把量子科技科普作为企业的重要职责，不仅建设了科技馆面向公众开放，还开发了培训教材，与高校合作培育量子后备人才。

8. 农村重点推广适用技术

加强农村的科普工作是科普工作的重要任务。近年来，科学技术部、中央宣传部、农业农村部、中国科协等根据农村经济与社会发展的需要，围绕科学生产、文明生活及农民需要，充分发挥乡镇科普组织、农村学校的作用，广泛开展文化科技卫生"三下乡"，送科技下乡进村入户，开展农业科技活动周、流动科技馆进基层、科技列车西部行、科普援藏等适合农村特点的科普工作，深受农民群众欢迎。各类农村经济组织、农业技术推广机构和农村专业技术协会，结合推广先进适用技术向农民普及科学技术知识，赠送农业科技资料，流动免费播放农业科技影片，农村科普活动有声有色。

9. 公共场所建立科普基地

许多城镇基层组织及社区，利用所在地的科技、教育、文化、卫生、旅游等资源，结合居民的生活、学习、健康娱乐等需要建设科技创新操作室、创新屋等简易科普场所，面向社区居民开展科普活动。上海市在社区建立了100多个创新屋，为居民和中小学生提供动手实验、实践的场所和平台。河南省在全省建设了一批科技创新操作室，深受学生和社区居民的欢迎。科学技术部等部门常年开展科技列车西部行、科普援藏活动，赠送了一批科普实验室，满足了贫困地区、少数民族地区农村学校的迫切需求。科学技术部会同有关部门，在公园、商场、机场、车站、码头等各类公共场所建设国家科普特色基地，地方科学技术部门、科协推进各类科普基地建设，加强科普宣传，对提高社区居民的科学文化素质发挥了积极作用。

（三）科普助力创新发展

1. 把握新时代科普工作方向

立足新的发展阶段，面对新要求新问题，我们必须提高思想认识，学深悟透习近平总书记关于科学普及的重要论述，推动新时代科普工作做到"四个坚持"，坚持党的领导。把党的领导贯穿于科普工作全过程，突出科普工作政治属性，强化价值引领，践行社会主义核心价值观，大力弘扬科学精神和科学家精神。坚持服务大局。面向世界科技强国和社会主义现代化强国建设，引导科普工作聚焦"四个面向"和高水平科技自立自强，推动构建创新发展的重要一翼，以科普高质量发展更好地服务和融入新发展格局。坚持统筹协同。树立大科普理念，推动科普工作与科技创新、经济社会发展各环节深度融合，加强协同联动和资源共享，构建政府、社会、市场等协同推进的社会化科普发展格局。坚持改革创新。强化全社会对科普工作的认识，深化科普供给侧改革，破除制约科普高质量发展的体制机制障碍，创新科普内容、形式和手段，扩大科普开放合作。

2. 正视科普的新变化新挑战

从国际上看，当今世界正经历百年未有之大变局，国际力量对比深刻调整，和平与发展仍然是时代主题，人类命运共同体理念深入人心。同时，国际环境日趋复杂，国际经济、科技、文化、安全、政治等格局都在发生深刻调整。应对气候变化、能源资源、公共卫生等全球性问题，亟须形成国际科技治理的共识。这就需要科学普及更好发挥桥梁和纽带作用，深化科技人文交流，推动文明互鉴，学习借鉴更多的国际先进经验，同时向世界分享更多的中国科技成果，在应对全球性挑战中，贡献更多的"中国智慧"，更好地服务构建人类命运共同体。从国内看，中国已转向高质量发展阶段，制度优势显著，治理效能提升，经济长期向好，物质基础雄厚，人力资源丰富，市场空间广阔，发展韧性强劲，社会大局稳定，继续发展具有多方面优势和条件。同时，中国发展不平衡不充分问题仍然突出，重点领域关键环节改革任务仍然艰巨，创新能力不适应高质量发展要求。要落实好党中央重大决策部署，加快构建新发展格局、推动高质量发展，需要充分发挥科学普及在策源创新发展中的基石作用，构建科普"软实力"战略支撑，更好服务经济社会发展。

从科技发展态势看，新一轮科技革命和产业变革深入发展，科学的社会功能、科学与人文的关系都发生了很大的变化，需要科学普及充分推动科技与人、科技与经济、科技与社会、科技与文化的相互融合，营造科学理性、文明和谐的社会氛围，服务国家治理现代化，促进人的全面发展以及社会的文明进步。

3. 夯实修订《科普法》法律基础

根据全国人大常委会 2022 年《科普法》执法检查情况，针对《科普法》实施过程中存在的问题，认真进行整改，制定相应的政策措施，推进全面贯彻实施《科普法》，并为适时修订《科普法》奠定良好基础。关键要抓好《"十四五"国家科学技术普及发展规划》落实落地。加强科普理论研究，为科普工作提供切实理论依据。根据新修订的《中华人民共和国科学技术进步法》对科普的相关条款，强化鼓励科普事业发展政策制定出台，推进科技计划增加科普任务，推动科普税收政策落实落地，加大科普投入，提高科普经费的使用效益，研究制定吸引社会力量投入科普的办法，支持原创科普作品，研究制定科普创作扶持办法，畅通资助渠道，完善国家、地方科普作品评奖体系，提升优秀作品推介水平，激励更多优秀作品产出。大力支持原创科普作品出版、影视作品制作，培育一批国家科普创作中心。推进科普基地建设，制定完善国家科普基地管理办法，在自然资源、环境保护、能源交通、气象地震等领域建设若干个国家科普示范基地，切实发挥重大科技基础设施、综合观测站等科普功能。强化科普宣传手段，推进传统媒体和新媒体优势互补，加强新渠道建设和新技术应用，实现科学传播融合发展。推动科普讲解、科学实验展演、科普微视频等新型传播形式。依托中国科普网分步骤建设国家科技资源科普化平台。

4. 落实新时代科普各项任务

服务国家重大发展战略。致力于服务创新驱动发展、科教兴国、人才强国、乡村振兴等国家重大战略，积极为"碳达峰碳中和"等国家战略目标贡献智慧。加强科普工作统筹协同。科普是全社会的共同任务，需要全社会凝心聚力、分工协作，促进政府部门、宣传部门、群团组织和社会各方协同发力、各展所长、各尽其责。大力强化全社会科普工作责任。切实强化政府部门、社会组织、学校和科研机构、企业、媒体等各方的科普工作责任，推动形成齐抓共管的良好工作局面。加强国家科普能力建设。协调各部门共同组织开展各类科普活动，广泛动员行业管理部门面向基层群众开展各类科普活动和科技服务。推动科普活动聚焦"四个"面向，大力创新科普形式内容，切实提升科普活动的覆盖面、影响力和有效性。深入推动科普活动进农村、进社区、进企业、进学校、进军营，持续开展科技列车行、科普援藏、流动科技馆进基层等活动。着重提升科普工作应急服务能力。要推动建立应急科普机制，储备和传播优质应急科普内容资源，针对社会热点和突发事件，及时做好政策解读、知识普及和舆情引导等工作。广泛开展特色科普活动。加强对各地科普工作的指导，大力重视农村科普工作，强化对少数民族地区、边疆地区、革命老区等地区科普工作的支持力度，积极推动形成上下联动、区域均衡、全国"一盘棋"的科普工作格局。提升国际科学传播能力。面对当前国际形势，构建新时代国际交流与合作科普工作话语和叙事体系，以科普国际交流合作为突破口，讲好中国科技故事，传播好中国科技声音。广泛开展国际科普交流合作活动。积极加入或牵头创建国际性科普组织，加强与共建"一带一路"国家的科普交流合作。持续推进内地与港澳地区科普交流与合作，支持澳门特别行政区举办科技活动周，协助香港特别行政区举办创科博览活动。满足群众对美好生活的向往。广泛开展科普活动，推动公众理解科学，调动社会力量参与科普，使蕴藏在亿万人民中间的创新智慧充分释放，不断提升公众的幸福感和获得感。

第四节　地方科普条例

　　省级人民代表大会常务委员会率先启动地方科学技术普及条例的制定及颁布实施，开启了中国科普立法进程，对中国科普事业发展具有十分重要的意义和基础作用。

（一）《河北省科学技术普及条例》率先颁布实施

　　（1）《河北省科学技术普及条例》，1995 年 11 月 5 日，河北省第八届人民代表大会常务委员会第十七次会议通过。这是中国第一个关于科普的地方性法规，对中国科普事业发展具有标志性意义，发挥了引领示范作用。

　　（2）《天津市科学技术普及条例》，1997 年 6 月 18 日，天津市第十二届人民代表大会常务委员会第三十三次会议通过。根据 2010 年 9 月 25 日天津市第十五届人民代表大会常务委员会第十九次会议通过的《天津市人民代表大会常务委员会关于修改部分地方性法规的决定》第一次修正。根据 2013 年 9 月 24 日天津市第十六届人民代表大会常务委员会第四次会议通过的《天津市人民代表大会常务委员会关于修改〈天津市科学技术普及条例〉的决定》第二次修正。

　　（3）《四川省科学技术普及条例》，1998 年 8 月 14 日，四川省第九届人民代表大会常务委员会第十次会议通过。2012 年 9 月 21 日，四川省第十一届人民代表大会常务委员会第三十二次会议修订。

（4）《江苏省科学技术普及条例》，1998 年 10 月 31 日，江苏省第九届人民代表大会常务委员会第六次会议通过。根据 2001 年 10 月 26 日江苏省第九届人民代表大会常务委员会第二十六次会议《关于修改〈江苏省科学技术普及条例〉的决定》修正。

（5）《北京市科学技术普及条例》，1998 年 11 月 5 日，北京市第十一届人民代表大会常务委员会第六次会议通过。

（6）《湖南省科学技术普及条例》，1998 年 11 月 28 日，湖南省第九届人民代表大会常务委员会第六次会议通过。

（7）《陕西省科学技术普及条例》，2000 年 5 月 26 日，陕西省第九届人民代表大会常务委员会第十五次会议通过。根据 2010 年 3 月 26 日陕西省第十一届人民代表大会常务委员会第十三次会议通过《陕西省人民代表大会常务委员会关于修改部分地方性法规的决定》修正。

（8）《宁夏回族自治区科学技术普及条例》，2000 年 11 月 17 日，宁夏回族自治区第八届人大常委会第十六次会议通过。

（9）《新疆维吾尔自治区科学技术普及条例》，2001 年 7 月 27 日，新疆维吾尔自治区第九届人民代表大会常务委员会第二十三次会议通过。2010 年 3 月 31 日新疆维吾尔自治区第十一届人民代表大会常务委员会第十七次会议修订。

（10）《贵州省科学技术普及条例》，2002 年 5 月 26 日，贵州省第九届人民代表大会常务委员会第二十八次会议通过。

上述 10 个省市科普条例的颁布实施，为中国制定《科普法》提供了重要借鉴，奠定了坚实的法律基础。

（二）《中华人民共和国科学技术普及法》颁布后地方相继制定《科普条例》

《中华人民共和国科学技术普及法》由中华人民共和国第九届全国人民代表大会常务委员会第二十八次会议于 2002 年 6 月 29 日通过，自公布之日起施行。为了实施科教兴国战略和可持续发展战略，加强科学技术普及工作，提高公民的科学文化素质，推动经济发展和社会进步，根据宪法和有关法律，制定该法。该法适用于国家和社会普及科学技术知识、弘扬科学精神、倡导科学方法、传播科学思想的活动。开展科学技术普及，应当采取公众易于理解、接受、参与的方式。

随后，各省、自治区、直辖市相继制定颁布了地方科普条例或实施办法，对促进科普事业发展发挥了重要保障作用。

（1）《内蒙古自治区科学技术普及条例》，2002 年 12 月 3 日，内蒙古自治区第九届人民代表大会常务委员会第三十三次会议通过。

（2）《云南省科学技术普及条例》，2003 年 3 月 28 日，云南省第十届人民代表大会常务委员会第二次会议通过。

（3）《山东省科学技术普及条例》，2003 年 9 月 26 日，山东省第十届人民代表大会常务委员会第四次会议通过。

（4）《河南省科学技术普及条例》，2003 年 9 月 27 日，河南省第十届人民代表大会常务委员会第五次会议通过。

（5）《广西壮族自治区科学技术普及条例》，2005 年 7 月 29 日，广西壮族自治区第十届人民代表大会常务委员会第十五次会议通过。

（6）《西藏自治区实施〈中华人民共和国科学技术普及法〉办法》，2005 年 9 月 28 日，西藏自治区第八届人民代表大会常务委员会第二十次会议审议通过。

（7）《黑龙江省科学技术普及条例》，2005 年 10 月 17 日，黑龙江省第十届人民代表大会常务委员会第十七次会议通过。

（8）《青海省科学技术普及条例》，2006 年 3 月 30 日，青海省第十届人民代表大会常务委员会第二十一次会议通过。

（9）《湖北省科学技术普及条例》，2006 年 7 月 21 日，湖北省第十届人民代表大会常务委员会第二十二次会议通过。

（10）《浙江省科学技术普及办法》，2006 年 9 月 30 日，浙江省人民政府第七十七次常务会议审议通过。

（11）《福建省科学技术普及条例》，2007 年 6 月 1 日，福建省第十届人民代表大会常务委员会第二十九次会议通过。

（12）《山西省实施〈中华人民共和国科学技术普及法〉办法》，2007 年 7 月 26 日，山西省第十届人民代表大会常务委员会第三十一次会议通过。

（13）《江西省科学技术普及条例》，2007 年 9 月 21 日，江西省第十届人民代表大会常务委员会第三十一次会议通过。

（14）《重庆市科学技术普及条例》，2008 年 11 月 27 日，重庆市第三届人民代表大会常务委员会第七次会议通过。

（15）《安徽省科学技术普及条例》，2009 年 10 月 23 日，安徽省第十一届人民代表大会常务委员会第十四次会议通过。

（16）《甘肃省科学技术普及条例》，2010 年 9 月 29 日，甘肃省第十一届人民代表大会常务委员会第十七次会议通过。

（17）《辽宁省科学技术普及办法》，2011 年 9 月 5 日，辽宁省第十一届人民政府第五十一次常务会议审议通过。

（18）《广东省科学技术普及条例》，2021 年 5 月 26 日，广东省第十三届人民代表大会常务委员会第三十二次会议通过。

（19）《上海市科学技术普及条例》，2022 年 2 月 18 日，上海市第十五届人民代表大会常委会第三十九次会议通过。

《上海市科学技术普及条例》共六章四十三条。包括总则，科普活动的组织与开展，科普资源的建设、开发与利用，科普人才队伍建设，保障措施以及附则。《上海市科学技术普及条例》规定，建立多部门推动科普的组织管理机制，强化社会协同与开放合作，同时加强与长三角及国内其他地区的合作，鼓励和推动开展国际合作，提升科普工作的国际化水平。

明确了全社会参与科普的职责，规范科普活动的内容创作，支持、培育和推动科普产业发展。鼓励科普场馆加强信息化、智能化建设，开发智慧服务平台，加快数字化转型，提升科普场馆的公共服务能力和品牌价值。

优化科普人才的培养机制，加强科普队伍建设，鼓励和引导符合条件的科普人员申报相关专业技术职称，畅通职业发展通道。

针对中小学生科普重点人群进行了相关规定，例如第十二条规定：中小学校应当配备科技总辅导员和必要的科技教师团队，开设科普课程，并组织开展形式多样的科普活动。

《上海市科学技术普及条例》的颁布和实施，对上海市科普工作高质量发展，提供了坚实的制度保障，政府层面工作的推进机制得到了进一步的完善。社会各方参与科普工作的义务和责任得到了进一步的明确。科普资源的建设开发利用得到了进一步的保障。科普人才的培养和激励得到了进一步的加强。

在地方科普条例的实施过程中，有的省区市根据科普发展需求，对科普条例进行了修订完善，使得地方科普条例日臻完善，为地方科普事业发展提供法律保障，对中国科普事业持续健康高质量发展具有重要的意义。

第五节 《科普法》执法调研与检查

（一）《科普法》执法调研

《科普法》颁布实施后，2002 年下半年，全国人大教科文卫委员会启动《科普法》执法调研，全国人大常务委员会委员、教科文卫委员会副主任吴基传带队分别赴吉林省、海南省进行《科普法》执法调研，科学技术部、中国科协派员参加执法调研。

2012 年，全国人大教科文卫委员会会同科学技术部、中央宣传部、中国科协等召开纪念《科普法》颁布十周年座谈会，时任全国人大常委会副委员长路甬祥出席座谈会并讲话。

2017 年，全国人大教科文卫委员会启动《科普法》执法调研，全国人大常委会委员、教科文卫委员会副主任委员姚建年率教科文卫委员会调研组来到河南，就河南省《科普法》贯彻实施情况开展专题调研，科学技术部、中国科协等派员参加执法调研。

2022 年 4 月 1 日，第十三届全国人大常委会委员、教科文卫委员会主任委员李学勇率调研组到中国科技馆，就《科普法》的落实情况开展专题调研。调研组一行观看了天宫课堂纪录片，参观了"天和"核心舱结构验证件实物、儿童科学乐园、科学家精神手模墙、冬梦飞扬——"科技冬奥"主题展览、"感触智能魅力"和"问鼎太空征途"等展厅，并参与互动，体验现场教育活动。

（二）《科普法》执法检查

2022年，全国人大常委会首次启动《科普法》执法检查。4月到6月，执法检查组赴多个省份开展实地检查。

1. 对北京市执法检查

时任全国人大常委会副委员长艾力更·依明巴海率执法检查组在北京市开展《科普法》执法检查工作，以听取汇报、召开座谈会、实地检查、随机抽查等多种形式，了解法律实施的真实情况，既全面检查法律实施情况，也着重发现和研究分析影响法律实施、制约政策落实的各项因素，调查了解实践对修法提出的新需求。艾力更·依明巴海充分肯定北京市贯彻实施《科普法》的成效，指出加强科普工作，提升全民科学素质，对推动以科技创新为核心的全面创新具有重要意义。《科普法》是世界上首部促进科普事业发展的专门法律，对提高公民科学文化素质、推动经济发展和社会进步发挥了显著作用。要深入学习贯彻习近平总书记关于科技创新和科学普及的重要论述，充分认识科学技术普及的重要意义，推动《科普法》各项规定全面贯彻落实，充分发挥法律在科学技术普及中的保障促进作用。要坚持问题导向，通过执法检查，既要全面掌握法律实施情况，着重发现研究分析影响法律实施、制约政策落地的现实问题，也要调查了解实践对法律修改的新需求，有针对性地提出关于修法的意见建议，以法治力量推动科普高质量发展。检查组前往通州再生能源发电厂、天坛公园科普小屋、北京自然博物馆、合众思壮科技股份有限公司、京东集团、麋鹿生态实验中心实地检查。北京市科普政策法规体系基本确立，科普工作组织体系日益完善，科普人才队伍组织结构优化提升，科普资源与科普产品量增质升，科技实力与科学素质明显提高，社会投入与基础设施持续增长。从投入结构来看，北京市科普投入偏重财政拨款，政府拨款投入占全部科普经费筹措额的比例超过70%；科技创新投入和科普经费持续增长，特别是科技创新的投入更大，为科普打下了更坚实的基础。执法检查组指出北京要进一步把科学普及和科学技术放在同等重要的位置，优化投入结构，加大投入力度，充分挖掘科技资源的科普潜力，实现两翼齐飞。要深刻认识科普工作的重要意义，充分发挥法律对科学技术普及的保障促进作用。要坚持和加强党的全面领导，健全各部门工作协调机制，推动各地方强化落实法律规定，切实把科普工作摆在突出位置。聚焦国家经济社会发展需求，形成全社会共同参与科普事业发展的新局面。要重视建设科普人才队伍，完善多层次、分类别的科普人才培养体系；加大科普经费的投入，完善与中国国情相适应的科普投入机制，推进科普产业化。

2. 对山东省执法检查

时任全国人大常委会副委员长艾力更·依明巴海率执法检查组在山东省开展《科普法》实地检查。执法检查组先后在滨州、德州两市开展了实地检查工作。在滨州市检查市科技馆、滨城区彭李街道为民社区、愉悦家纺生命科技馆、市新闻传媒中心，在德州市检查乐陵市铁营镇兴隆新村、泰山体育产业集团博物馆、陵城区第四实验小学、中元科技创新创业园区，考察农村社区和城市社区的科普服务，了解企业科普活动开展和青少年科普科教工作情况。艾力更·依明巴海对山东省为贯彻落实科学技术普及法作出的努力和取得的成绩给予充分肯定。他指出，要深入学习贯彻习近平总书记关于科技创新和科学普及的重要论述，充分认识科学技术普及工作的重要意义。要全面落实《科普法》，全面了解法律实施情况，围绕法律实施中存在的主要问题广泛听取意见建议，加快

《科普法》修改进程，为科普事业发展筑牢法治根基。

3. 对云南省执法检查

时任全国人大常委会副委员长、执法检查组组长蔡达峰率全国人大常委会执法检查组，对云南省贯彻实施《科普法》情况开展执法检查，并就法律修改完善征求意见建议。执法检查组召开座谈会，听取省政府及相关部门工作汇报，并就法律实施和修改完善进行交流；前往昆明市、玉溪市、曲靖市，实地走访科研机构、科普单位、学校、企业、社区、农村等，检查科学普及工作开展和经费保障、人才培养、科普服务等情况，与一线科普人员、青少年、基层群众等交流。蔡达峰对云南近年来大力实施《科普法》，广泛开展科普活动，提升全民科学素养，促进经济社会发展取得的成效给予肯定。他强调，要深入学习贯彻习近平总书记关于科学普及的重要指示精神，深刻理解科普对创新发展的重要作用，充分发挥科普对提高全民素质的重要作用，切实体现科普对改善民生、促进共同富裕的重要作用，进一步做好新时代科普工作，助推经济社会高质量发展。要加大《科普法》实施力度，提升科普工作水平，推动各级各部门和社会各界增强法治观念，履行法律责任，落实决策部署，解决实际问题。要加大《科普法》和科普活动宣传力度，弘扬科学理念和科学家精神，多形式、全覆盖开展科普宣传活动，提升群众参与科普工作的积极性。要健全协同推进科普工作的制度体系，不断完善党领导下的政府、社会、市场协同推进的科普工作格局。要保障社会力量兴办科普事业，压实责任、明确措施，为各方面各领域和专业人才参与科普事业发展提供政策支持和投入保障。要促进科普资源优化配置，着力解决科普发展不均衡、不充分的问题，高度重视农村地区、少数民族地区、边远贫困地区和革命老区的科普事业发展。要提高科普工作科学性，从实际实效出发，不断提升工作质量。要坚持目标导向、问题导向，完善科普法律制度，以法治力量为新时代科普事业高质量发展提供保障。

4. 对河南省执法检查

时任全国人大常委会副委员长吉炳轩率执法检查组赴河南省开展《科普法》执法检查。检查组召开座谈会听取河南省法律实施情况汇报，深入郑州市、鹤壁市、新乡市进行实地检查，征求人大代表、专家学者等对法律修改的意见建议。吉炳轩在座谈时指出，推动《科普法》全面有效实施对于提高公民科学文化素质、推动经济发展和社会进步具有重要意义。近年来，河南省委和省政府坚持以习近平新时代中国特色社会主义思想为指导，把实施创新驱动、科教兴省、人才强省战略作为"十大战略"之首，紧紧围绕提升公民科学素质、弘扬科学精神、培育创新文化、增强科普能力，出台一系列行之有效的规章制度，积极推动科学普及与科技创新融合发展，在贯彻实施《科普法》方面取得显著成效，要总结好经验好做法，依法推动科技创新、科学普及工作迈上新台阶。吉炳轩强调，要深入学习贯彻习近平总书记关于科技创新和科学普及的重要论述，充分认识科学技术普及的重要意义，全面贯彻落实规定，把科学普及放在与科技创新同等重要的位置。要坚持党对科普工作的全面领导，健全各部门工作协调机制，做到有规划、有政策、有组织、有载体、有方法、知需求。要推动形成讲科学、爱科学、学科学、用科学的浓厚氛围，尊重劳动、尊重知识、尊重人才、尊重创造，大力推进科技创新和科技进步，及时解决与新时代科学普及和科技创新不相适应的问题，加快完善《科普法》，以法治力量推动科普高质量发展。

5. 对新疆维吾尔自治区执法检查

时任全国人大常委会副委员长蔡达峰率领全国人大常委会执法检查组赴新疆检查《科普法》实施情况。在疆期间，执法检查组一行就新疆维吾尔自治区实施《科普法》情况听取了自治区人民政府及新疆生产建设兵团的工作汇报，并进行了座谈。执法检查组还赴部分地（州、市）、师进行了实地检查，并与有关方面座谈听取意见建议。蔡达峰对新疆贯彻落实《科普法》各项工作和取得的成效给予肯定。他强调，要深入学习贯彻习近平总书记关于科技创新和科学普及的重要论述，深刻理解科普与科学技术的关系，充分发挥科普对提高全民素质的重要作用，广泛深入地开展科普活动，提高劳动者素养和能力，推动共同富裕。蔡达峰指出，要加大《科普法》实施力度，提升科普工作水平，加强对《科普法》和科普活动的宣传。各级政府、科协和学校、科研单位、媒体等要切实担负起科普责任，多形式、全覆盖、经常性开展科普宣传活动，不断提升群众参与科普工作的积极性。要健全集中推进科普工作的制度体系，保障社会力量兴办科普事业。各级政府要进一步压实责任，明确措施，为高校、科研院所、企业、基层组织、社会团体等参与科普事业发展提供政策支持和投入保障，促进科普事业、科普产业深度融合，协同发展。要针对薄弱环节，加大投入，创新方式，促进科普资源优化配置。要坚持科学的态度和方法，从实际工作和实际效果出发，提高科普工作的科学性，不断提升工作质量。要坚持目标和问题导向，完善科普法律制度，推动地方性法规制度建设，为新时代科普高质量发展提供保障。

6. 对广东省执法检查

时任全国人大常委会副委员长张春贤在京出席《科普法》执法检查组视频会议，听取广东省关于贯彻实施《科普法》情况汇报，并与广东省相关部门负责同志，以及来自企业、高校的负责人和基层科普工作者进行交流，对粤开展《科普法》执法检查。张春贤对广东贯彻落实《科普法》各项工作和取得的成效给予肯定。他强调，要深入学习领会习近平总书记关于科技创新和科学普及的重要论述，切实把科学普及和科技创新摆在同等重要位置，扎实推进《科普法》贯彻实施不断取得新成效。张春贤指出，要坚持和加强党对科普工作的全面领导，强化法治思维，坚持问题导向，深入了解实践对《科普法》提出的新需求，不断完善科普工作体制机制，努力营造有利于科普的社会氛围，持续加大科普经费投入力度，加强科普人才队伍建设，依法推动中国科普工作迈上新台阶。广东省人大常委会按照全国人大常委会执法检查组的要求，全力以赴做好《科普法》执法检查工作，成立执法检查组，对广州、深圳、河源、江门等地实施《科普法》情况进行实地检查，并选取企业、科普设施和科技工作者进行抽查，紧扣法律条文，突出问题导向，逐条逐项对照检查，及时形成报告报送全国人大常委会执法检查组。

第三章

科普发展规划

科普规划是科普管理的重要内容，是科普发展的重要指南。科普规划明确未来五年科普发展的指导思想、基本原则、发展目标、重点任务、保障措施等，对指导科普事业发展具有非常重要的作用。国家、部门、地方通常会结合国民经济和社会发展五年规划，制定五年科普发展规划或实施方案等。

制定科普中长期发展规划及五年科普发展规划，是政府科普主管部门的重要职责。

第一节 科普是科技发展规划的重要内容

在国家中长期科技发展规划中，科普发展是其中的重要内容之一。科学技术部牵头，会同有关部门制定发布了国家科普发展相关规划，对中国科普事业发展发挥了重要的作用。

（一）《国家中长期科学和技术发展规划纲要（2006—2020年）》

2005年国务院印发的《国家中长期科学和技术发展规划纲要（2006—2020年）》，科普单列一章，这是科普工作在国家科技规划中的一次重要提升，具有非同一般的意义。

详细内容扫码查看

（二）《国家"十一五"科学技术发展规划》

在2006年《国家"十一五"科学技术发展规划》中，科普成为其中的重要内容。

详细内容扫码查看

（三）《国家"十二五"科学和技术发展规划》

详细内容扫码查看

2011 年 7 月 14 日，国务院印发《国家"十二五"科学和技术发展规划》，科普是其中的内容。

（四）《"十三五"国家科技创新规划》

详细内容扫码查看

2016 年 7 月 28 日，国务院印发的《"十三五"国家科技创新规划》，科普单列一篇，第七篇共三章内容。

（五）《国家中长期科技创新规划》

2021 年发布的《国家中长期科技创新规划》中，科普是其中的重要内容。（内容略）

（六）《"十四五"国家科学技术普及发展规划》

2022 年发布的《"十四五"国家科学技术普及发展规划》中，科普是其中的重要内容。（内容略）

第二节 全民科学素质发展规划

（一）《全民科学素质行动计划纲要（2006—2010—2020 年）》

2005 年，国务院印发《全民科学素质行动计划纲要（2006—2010—2020 年）》（简称《科学素质纲要》）。

（二）《〈科学素质纲要〉实施方案（2006—2010 年）》

2006 年，国务院办公厅印发《〈全民科学素质行动计划纲要（2006—2010—2020 年）〉实施方案（2006—2010 年）》。

（三）《〈科学素质纲要〉实施方案（2011—2015 年）》

2011 年，国务院办公厅印发《〈全民科学素质行动计划纲要（2006—2010—2020 年）〉实施方案（2011—2015 年）》。

（四）《〈科学素质纲要〉实施方案（2016—2020 年）》

2016 年，国务院办公厅印发《〈全民科学素质行动计划纲要（2006—

2010—2020 年）〉实施方案（2016—2020 年）》。

（五）《全民科学素质行动规划纲要（2021—2035 年）》

2021 年 6 月 3 日，国务院印发《全民科学素质行动规划纲要（2021—2035 年）》（简称《科学素质规划》）。

详细内容扫码查看

第三节　国家科学普及发展规划

（一）《2000—2005 年科学技术普及工作纲要》

1999 年 12 月 9 日，科学技术部、中央宣传部、中国科协、教育部、国家计委、财政部、国家税务总局、广电总局、新闻出版署联合制定《2000—2005 年科学技术普及工作纲要》。

（二）《2001—2005 年中国青少年科学技术普及活动指导纲要》

2000 年 11 月 6 日，科学技术部、教育部、中央宣传部、中国科协、共青团中央联合制定《2001—2005 年中国青少年科学技术普及活动指导纲要》。

（三）《国家科学技术普及"十二五"专项规划》

2012 年 4 月 5 日，科学技术部牵头制定《国家科学技术普及"十二五"专项规划》。

（四）《"十三五"国家科普与创新文化建设规划》

2017 年 5 月 8 日，科学技术部、中央宣传部联合制定《"十三五"国家科普与创新文化建设规划》。

（五）《科普基础设施发展规划（2008—2010—2015）》

2008 年 11 月 14 日，国家发展改革委、科学技术部、财政部和中国科协共同组织编制《科普基础设施发展规划（2008—2010—2015）》。

（六）《"十四五"国家科学技术普及发展规划》

详细内容扫码查看

2022 年 8 月 4 日，科学技术部、中央宣传部、中国科协制定《"十四五"国家科学技术普及发展规划》。

（七）中共中央、国务院部门制定科普发展规划

自然资源部、生态环境部、中国科学院、中国气象局、中国地震局、国家林草局、中国科协等制定部门或领域科普发展规划或实施方案，对推进中国科普事业全面发展起到了重要的促进作用。（具体内容略）

科普发展政策

第四章

科普发展政策是科普管理的重要内容，是开展科学普及工作，实现科普发展规划的重要措施。科普发展政策可以激励科普工作者积极行动，实现科普发展目标，组织科普活动，完成科普重点任务。科普发展政策通常包含激励政策、管理办法、资金支持措施、奖励政策及惩罚措施等。

第一节　中央科普决策

（一）中共中央、国务院印发《关于加强科学技术普及工作的若干意见》

1994 年 12 月 5 日，中共中央、国务院印发《关于加强科学技术普及工作的若干意见》。

详细内容扫码查看

（二）中共中央办公厅、国务院办公厅印发《关于新时代进一步加强科学技术普及工作的意见》

2022 年 9 月 4 日，中共中央办公厅、国务院办公厅印发《关于新时代进一步加强科学技术普及工作的意见》。

详细内容扫码查看

第二节　税收优惠政策

（一）科普税收优惠政策

财政部、国家税务总局、海关总署、科学技术部、新闻出版总署 2003 年 5 月 8 日印发《关于鼓励科普事业发展税收政策问题的通知》。

详细内容扫码查看

（二）科普税收优惠政策实施办法

为落实《财政部 国家税务总局 海关总署 科学技术部 新闻出版总署关于鼓励科普事业发展税收问题的通知》精神，更有效地鼓励科普事业发展，2003 年 11 月 14 日，科学技术部、财政部、国家税务总局、海关总署、新闻出版总署联合制定了《科普税收优惠政策实施办法》。

详细内容扫码查看

（三）支持科普事业发展进口税收政策

2021 年 4 月 9 日，财政部、海关总署、税务总局印发《关于"十四五"期间支持科普事业发展进口税收政策的通知》。

详细内容扫码查看

（四）支持科普事业发展进口税收政策管理办法

2021 年 4 月 9 日，财政部、中央宣传部、科技部、工业和信息化部、海关总署、税务总局、广电总局印发《关于"十四五"期间支持科普事业发展进口税收政策管理办法的通知》。

详细内容扫码查看

（五）延续宣传文化增值税优惠政策

2023 年 9 月 22 日，财政部、税务总局发布《关于延续实施宣传文化增值税优惠政策的公告》。

详细内容扫码查看

科普工作管理

第五章

随着科普事业持续健康发展，科普工作的重要性日益凸显。科普管理作为科普工作的核心环节，对于提高国家科普能力、提升公众科学文化素质、助力和推动科技创新、促进经济高质量发展和社会进步具有重要的作用。在新时代背景下，科普工作管理面临着新的机遇和挑战。科普管理部门如何加强科普管理，以适应新时代的需求。在信息爆炸的新时代，科普工作管理面临的挑战与机遇并存。提高科普工作管理水平与质量不仅有助于科学知识的广泛传播，更是培养公民科学素养、促进科普事业发展的重要途径。

第一节　明确核心职能

（一）建立科普管理制度

科普管理部门应明确科普工作的目标、任务和责任。制定科普工作规则，确保科普活动的有序开展。通过制度建设，确保科普管理工作有章可循、有据可查。完善科普工作的考核评价机制，对科普工作进行科学评估，为改进科普管理提供依据。

1. 加强科普资源整合与共享

提高科普工作的效率和质量。整合各类科普机构、科技场馆、科研机构等资源，形成科普工作合力。建立科普资源数据库，实现资源共享，方便科普工作者获取所需的资料和信息。通过资源整合与共享，推动科普工作的系统化、规范化。

2. 注重科普活动策划与组织

提高科普活动针对性和实效性。结合社会热点问题和公众需求，策划具有创意和吸引力的科普活动。注重活动的互动性和参与性，让公众在参与中学习科学知识。同时，加强对活动的宣传推广，扩大影响力，吸引更多公众参与。通过策划与组织有效的科普活动，提高公民的科学素质和社会责任感。

3. 重视科普人员培养和培训

提高科普工作者专业素质和综合能力。加强对科普工作者的业务指导，帮助他们掌握科学传播的基本理论和方法。定期组织培训和学习活动，更新科普工作者的知识结构，提高其科学素养和传播能力。同时，鼓励科普工作者加强公众科学需求调研，开展创新实践，探索新的传播手段和服务方式，满足公众多样化的需求。

4. 强化科普创新与科技支撑

随着科技的不断发展，科普工作也应不断创新。科普管理部门应鼓励和支持科普工作的创新实践，利用新技术手段提高科普工作的质量和效率。例如，利用虚拟现实、增强现实等技术为公众提供沉浸式的科学体验；利用新媒体平台拓展科学传播的渠道和方式；利用大数据和人工智能技术对科普工作进行精准分析和优化等。同时，加强科技支撑体系建设，为科普工作提供有力保障。

5. 加强科普国际交流与合作

在全球化背景下，国际科普合作与交流对于提升中国科普工作水平具有重要意义。科普管理部门应积极开展国际合作与交流，借鉴国外先进经验，引进优秀的科普资源。同时，推动中国科普成果的国际传播，展示中国科学发展的成就和贡献。通过国际合作与交流，提升中国在国际科学传播领域的地位和影响力。

（二）提高科普管理水平

科普，即科学普及，是指将科学知识和技术通过各种方式传递给广大公众，旨在提高公众的科学素质和科技应用能力。随着科技的快速发展和全球化进程的加速，科普工作的重要性愈发凸显。科普管理作为科普工作的关键环节，其意义与目标在于确保科普活动的科学性、有效性和可持续性，从而推动科技进步、社会发展和公众科学素质的提升。

随着科技的飞速发展和信息时代的到来，科普工作的重要性日益凸显。科普不仅是传递科学知识的行为，更是培养公民科学素养、促进社会进步的重要途径。在新时代背景下，如何提高科普管理水平与质量，成为科普管理部门面临的重要课题。

1.深入了解公众科普需求

科普管理部门应深入了解公众对科普内容的需求，根据不同受众群体制定有针对性的科普内容。同时，要关注社会热点问题，及时传播科学的声音，引导公众理性看待科技发展中的挑战与机遇。在内容形式上，应注重多样性和趣味性，结合图文、视频、音频等多种媒介，提高科普内容的吸引力和易读性。

2.加强科普人才队伍建设

提升专业能力。人才是提高科普管理水平与质量的关键。科普管理部门应重视科普人才的培养和引进，建立一支具备专业素养和责任感的科普工作者队伍。通过定期培训、学术交流等方式，不断更新科普工作者的知识结构，提升其科学传播能力和创新思维。同时，鼓励科普工作者深入基层，了解公众需求，为提高科普工作的针对性和实效性提供有力支撑。

做好科普工作，关键要对科普有全面、正确、准确的认识，端正态度、摆正位置，顺势而为，精准发力。科普是实现创新发展的基础及重要一翼，与科技创新同等重要，要把科学普及摆在与科技创新同等重要的位置。

（三）创新科普管理理念

1. 准确把握科普定位

科普管理应遵循科学性、普及性、社会参与性和创新发展性等原则。科学性原则是基础，要求科普活动必须以科学事实和科学理论为基础，确保传递的知识和信息是准确可靠的。普及性原则强调科普活动应面向广大公众，注重通俗化和大众化，使不同年龄、文化背景和社会阶层的人都能理解和接受。社会参与原则强调科普活动需要全社会的共同参与和合作，包括政府、企业、科研机构、媒体和公众等。创新发展性要求科普活动应不断探索和变化，适应科技和社会发展的需要，引领公众的科学观念和思维方式。

2. 优化管理策略方法

为了实现科普管理的目标，需要采取一系列的方法与策略。首先，制定科学合理的科普规划是关键。规划应明确科普工作的目标、任务和措施，并根据实际情况进行调整和完善。其次，加强科普人才队伍建设是保障。通过培养和引进高素质的科普人才，提高科普工作的质量和效果。推进科普资源的共建共享是重要的一环。利用现代信息技术手段，整合各类科普资源，实现资源的高效利用和社会共享。同时，创新科普传播方式与手段必不可少。采用多元化的传播渠道和方式，如线上科普、科普活动、科学竞赛等，提高科普工作的吸引力和影响力。

3. 顺势应变创新发展

挑战和机遇总是并存的。随着科技的快速发展和全球化进程的加速，公众对科学知识和技术的需求越来越高。同时，新兴技术的涌现也为科普工作提供了更多的手段和渠道。未来科普工作应积极应对这些挑战和机遇，不断提高自身水平和发展能力。为此，我们需要从以下几个方面努力：加强科技创新与应用；推动跨界合作与交流；提高公众科学素质；加强国际合作与交流等。通过这些措施的实施，我们有望建设一个具有国际影响力的科普强国。

科技创新和科学普及各有分工和侧重，科普要服从和服务于科技创新的需要，为实现科技创新目标厚植肥沃的创新土壤，营造有利于科技创新的环境与氛围。科技创新要支持科学普及，科技创新成果要支持科学普及的开展，科技创新设施要面向公众开放，充实科学普及资源。

科普工作的开展，主要依靠科普管理工作者，科普工作者的综合素质和专业能力对科普事业的持续健康高质量发展至关重要。加强科普管理工作者队伍建设，是做好科普管理工作的前提和基础，也是满足公众对科学普及的需求，提供优质科普供给的关键。

科普工作者通常指从事科普管理工作的人员，包含科普政策的制定实施者、科普活动的策划组织者、科学知识传播普及者等。通常又分为专职科普工作者、兼职科普工作者、志愿科普工作者三类。

根据科普工作者的工作性质与内容，科普工作者可以分为科普管理人员、科普创作人员、科普研究人员、科普服务人员等。

根据科普工作者所在单位或行业属性，科普工作者可以分为学校科普工作者、科研机构科普工作者、卫生健康科普工作者、媒体科普工作者、企业科普工作者、社区科普工作者、军队科普工作者等。

根据科普工作的地域属性，科普工作者可以分为城市科普工作者、农村科普工作者。

科普工作者必须掌握基本的科技知识和其他专业知识，具备从事与科学传播相关的知识与能力，具备宣传能力和组织能力等。主要包括：科技专业能力、策划协调能力、组织实施能力、宣传讲解能力、总结评估能力等。

第二节　建立信任关系

在当今时代，科技创新已经成为推动社会进步的重要动力。而科普管理作为科技创新的重要环节，其重要性不言而喻。科普管理需要扬长补短，充分发挥自身优势，弥补不足之处，以更好地服务于公众和社会。

（一）履行管理职责

1. 练就专业能力

作为领导者，你需要具备丰富的专业知识和技能，以便在团队中树立权威。不断学习和提高自己的专业能力，能够使你在团队中得到更多的认可和尊重。

2. 展现自信果断

自信和果断是领导者必备的品质。在面对困难和挑战时，你需要展现出坚定的信念和果敢的决策能力，带领团队克服困难，取得成功。

3. 善于沟通协调

作为领导者，你需要与团队成员和其他利益相关者进行有效的沟通和协调。通过良好的沟通技巧和协调能力，可以建立起良好的工作关系，促进团队合作。

4. 关注成员成长

关注团队成员的成长和发展，为他们提供适当的培训和机会，能够使他们感受到你的关怀和支持。这有助于建立起亲密的工作关系，提高团队成员的工作积极性和忠诚度。

5. 勇于承担责任

作为领导者，你需要勇于承担责任，为团队的成功和失败负责。在面对问题时，不要推卸责任或逃避问题，而是要积极寻找解决方案，带领团队一起前行。未来 15 年是中国建设世界科技强国的重要时期，是技术创新对中国经济和社会发展产生巨大影响和变化的时期，如何适应经济发展方式的转变和人们需求的变化，对科普提出了新的更高要求。

（二）树立自身威信

树立威信是领导者需要具备的素质和能力。通过增强专业能力、展现自信和果断、善于沟通与协调、关注团队成员的成长、勇于承担责任、保持诚实和透明以及以身作则等方法，你可以在科普管理工作中树立起威信，成为一位优秀的领导者。

1. 明确工作目标期望

与团队成员明确工作目标和期望，使他们清楚自己的职责和任务。这有助于提高团队的工作效率和质量，增强你在团队中的威信。

2. 保持积极工作态度

作为领导者，你需要保持积极的工作态度，勇于面对挑战和困难。通过展现出乐观、自信和进取的精神，你可以影响和激励团队成员。

3. 维护团队团结稳定

作为领导者，你需要维护团队的团结和稳定，解决团队内部的矛盾和问题。通过公正、公平和包容的态度，你可以建立起团队的信任和尊重。

4. 建立有效反馈机制

与团队成员保持积极地反馈和沟通，及时给予肯定和鼓励，同时提出建设性的改进意见。这有助于激发团队成员的潜力，提高团队的整体表现。

5. 持续学习提升自我

作为领导者，你需要持续学习和自我提升，跟上行业发展的步伐。通过不断学习和提升自己的能力，你可以为团队带来更多的价值和发展机会，增强你在团队中的威信。

（三）实现合作共赢

在科普管理工作中，求同存异、实现双赢是一个重要的目标。团队成员之间存在不同的意见和观点是难免的，关键是如何处理这些差异，以达到共同的利益。以下是一些建议，帮助你在科普管理工作中求同存异、实现双赢。

1. 了解团队成员需求

在决策过程中，充分了解团队成员的观点和需求，听取他们的意见和建议。这有助于你更好地理解团队成员之间的差异，为求同存异打下基础。

2. 明确共同目标价值

在团队中明确共同的目标和价值观，让团队成员清楚了解什么是重要的，以及如何为共同的目标而努力。这有助于缩小团队成员之间的差异，促进团队合作。

3. 建立开放沟通渠道

建立开放的沟通渠道，鼓励团队成员提出自己的意见和建议。通过积极地交流和讨论，可以更好地理解彼此的观点，找到共同的解决方案。

4. 善于包容不同意见

在团队中尊重差异，包容不同意见。不要因为意见不合而产生冲突，而是要学会倾听和理解对方的观点，寻找共同的解决方案。

在决策过程中，寻求妥协和平衡。不要试图完全消除差异，而是要在不同观点之间找到一个平衡点，达成共识。

5. 建立有效激励机制

通过建立激励机制，鼓励团队成员发挥自己的优势，为团队的成功作出贡献。这有助于增强团队成员的积极性和创造力，促进团队合作。

6. 持续改进调整优化

在科普管理工作中，持续改进和调整是必不可少的。通过不断反思和改进工作方式和方法，可以更好地处理团队成员之间的差异，优化管理方法，实现双赢。

第三节　建立管理系统

（一）强化科普管理核心优势

科普管理在面向公众、组织活动、激发兴趣和服务民生等方面具有显著的优势。首先，科普管理能够通过各种渠道和手段向公众传递科学知识和技术。其次，科普管理能够组织各种形式的科普活动，激发公众对科学的兴趣。此外，科普管理关注民生问题，满足公众对科学知识和技术的需求。最后，科普管理还能够加强合作和交流，实现资源共享，提高科普工作的水平和质量。要实现科普管理目标，必须强化科普管理核心优势。

然而，科普管理也存在着一些不足之处，需要采取措施加以改进。首先，科普宣传的覆盖面不够广泛，需要进一步扩大宣传渠道和受众范围。其次，科普活动的形式和内容需要更加多样化，以满足不同年龄和层次的公众需求。此外，科普管理需要更加注重民生问题的解决，提高科普工作的针对性和实用性。最后，科普管理的合作和交流需要进一步加强，实现资源共享和优势互补。

（二）开展活动激发公众兴趣

科普管理需要组织各种形式的科普活动，激发公众的参与热情。例如，可以组织科技竞赛、科学实验、科普夏令营等活动，让公众亲身体验科学的乐趣，增强对科学的兴趣和好奇心。此外，还可以通过开展科普志愿服务等活动，鼓励公众参与科普活动，提高科普工作的社会影响力。

服务民生满足公众需求。科普管理需要关注民生问题，满足公众对科学知识和技术的需求。例如，可以通过开展健康科普、环保科普等活动，增强公众的健康意识和环保意识，促进社会的可持续发展。此外，还可以通过开展职业培训、科技咨询等活动，帮助公众提高职业技能和就业能力。

（三）加强合作促进资源共享

科普管理需要加强合作和交流，实现资源共享。例如，可以与科研机构、高校、企业等开展合作，共同开展科普活动和项目；可以与媒体、社会组织等合作，扩大科普工作的覆盖面和影响力；还可以与国外科普机构进行交流和合作，引进先进的科普理念和方法，提高科普工作的水平和质量。

科普资源是科普事业发展的重要基础。当前，中国科普资源开发不足，尤其在科技馆、科技类博物馆等场馆建设方面存在较大缺口。针对这一问题，我们需要积极探索开发科普资源的有效途径，以充实科普内容，提升科普质量。

科普资源，特别是科技馆、科技类博物馆较为稀缺。发达国家平均每 50 万人拥有一个科技馆，中国约 80 万人拥有一个科技馆。考虑到中国的人口基数大，要达到发达国家目前的水平尚需较长时间，且需要相当大的财政投入。中国的科普展品设计与生产能力较弱，创新性不足。

激活资源充实科普内容。中国科技资源丰富，但科普功能的发挥尚不充分。为了充实科普资源，需要加强科普场馆建设，命名国家特色科普基地，同时，开放实验室和科技基础设施。鼓励科研机构、高校等单位开放实验室和科技基础设施，允许公众参观、体验科学研究过程，使公众能够近距离接触科技资源，增加对科学的了解和兴趣。开展科普活动。结合各类科技节日、科技周等活动，组织丰富的科普活动，如科学讲座、展览、实验等，让公众参与其中，感受科学的魅力。加强与媒体的合作关系。通过与媒体合作，制作科普节目、开设科普专栏等，向公众传播科学知识，提高科学素养。

众筹资源拓展科普渠道。众筹是一种利用大众力量筹集资金、物品、技能等资源的方式。在科普资源开发中，我们也可以尝试众筹模式：①资金众筹。通过众筹平台筹集科普项目资金，吸引更多人关注和支持科普事业，为科普资源的开发提供资金保障。②创意众筹。鼓励大众提供科普创意和点子，筛选优秀的创意进行实现，激发大众参与科普资源开发的热情。③人才众筹。吸引各领域的专家、学者参与科普活动，为科普资源开发提供人才支持。

共享资源提升科普效益。共享经济模式的兴起为科普资源的共享提供了借鉴：建立科普资源共享平台。整合各类科普资源，包括科技场馆、实验室、科普活动等，通过线上平台实现资源的共享和交流，提高科普资源的利用效率。推动区域性科普资源共享。加强地区间科普资源的合作与交流，实现区域性科普资源共享，降低科普成本，提高科普效益。促进国际科普资源共享。借鉴国际先进经验，引进国外优秀的科普资源，同时向世界展示中国科普成果，提升中国科普的国际影响力。

综上所述，开发科普资源需要从多个方面入手，通过激活现有资源、众筹更多资源和实现资源共享等方式，充实科普内容，拓展科普渠道，提升科普效益。只有这样，才能更好地满足公众对科学知识的需求，推动科学普及事业的发展。

科普既是科学家的事，也是各个部门、每一个公众的事，只有大家齐心协力，合作才能共赢。为此，无论你是哪个部门，无论你职务多高、位置多么重要，一定要学会既要当好主角，也要善于当好配角，这样才能赢得合作方的尊重和信任。

（四）互为主次实现合作共赢

在当今社会，科普管理工作的重要性日益凸显。科普不仅是科学知识的普及，更是提高公民科学素养、促进社会发展的重要途径。为了实现更好的科普效果，我们需要坚持互为主次、合作共赢的原则，充分发挥各方的作用，共同推动科普事业的发展。全国重大科普示范活动，科技管理部门要当好主角，统筹协调，调动部门资源一同做好相关工作。

抓大放小发挥各方优势。在科普管理中，我们需要明确各方职责，发挥各自优势。对于全国性的重大科普示范活动，科技管理部门应发挥主导作用，统筹协调各方资源，确保活动的顺利进行。同时，要给予专业部门充分的自主权，发挥其在科普领域的专业优势，提高科普活动的针对性和实效性。通过明确分工，各司其职，实现互利共赢的合作关系。

甘当配角强化服务支撑。在科普管理工作中，科技管理部门要转变观念，从主导者转变为服务者。在专业、特色科普工作中，科技管理部门应当好配角，为专业部门提供必要的支持和保障。通过提供政策咨询、资源整合、资金支持等全方位的服务，为专业部门创造良好的工作环境。

互为主次促进合作共赢。在科普管理中，互为主次是实现合作共赢的关键。各方应相互尊重、平等合作，充分发挥各自的优势和特长。通过互补互助、互通有无，形成强大的合力，共同推动科普事业的发展。同时，要注重建立长效合作机制，加强沟通协调，确保合作关系的稳定性和可持续性。

（五）建立科学合理收益机制

为了激发各方的参与热情，合理收益是必要的保障。在科普管理中，各方应通过分工合作、资源共享等方式，实现利益的共享与合理分配。同时，要注重对参与方的激励和表彰，提高其社会声誉和影响力。通过合理的收益分配，激发各方的积极性和创造力，共同推动科普事业的发展。

科普管理是一项系统工程，需要各方齐心协力、合作共赢。通过抓大放小、甘当配角、互为主次、合理收益等原则的实践与应用，我们可以更好地整合资源、发挥优势、实现合作共赢。

第四节 借力顺势而为

在政府科普管理工作中，需要深入理解和把握当前的社会发展趋势和公众需求，运用科学的方法和手段，提升科普工作的质量和效果。

（一）发挥科研机构优势

科研机构是科学研究的主体，他们有丰富的科技人才、科学知识和研究成果。政府科普管理工作应积极与科研机构合作，共同开展科普活动，将最新的科研成果以公众易于理解的方式呈现出来。

科普工作者是科普工作的具体执行者，他们的专业素养直接影响到科普工作的质量。培养公众的科学素养：提高公众的科学素养是增强前瞻性的重要基础。通过开展科学教育、科普活动等，培养公众的科学思维和科学精神，使他们能够更好地理解和应对未来的科技发展。关注弱势群体的科普需求：在制定科普策略时，应特别关注弱势群体的科普需求。例如，针对老年人、儿童、农民等群体，制定适合他们的科普内容和形式，确保每个人都能享受科普的好处。

（二）跨界合作充实资源

与不同领域、行业的机构进行合作，可以充分利用各自的资源和优势，共同推进科普事业的发展。通过跨界合作，可以创造出更多具有创新性和影响力的科普项目。与其他领域进行跨界合作，能够为科普工作带来新的活力和机会。例如，与教育部门合作，在学校开展科普讲座和实验活动；与旅游部门合作，在景区设置科普展板和导览；与媒体合作，制作科普电视节目或广播节目。

通过与国际科普组织、其他国家的科普机构进行交流与合作，可以了解国际上的科普发展趋势和先进经验。这有助于拓展科普视野，增强前瞻性。

（三）聚焦社会热点问题

针对社会上关注的热点问题，及时发布相关的科学解释或辟谣信息，有助于提高科普工作的时效性和针对性。例如，针对新冠疫情，及时发布防疫知识、疫苗接种注意事项等。

创新科普工作内容。随着信息时代的来临，人们对于科普内容的需求也在不断升级。政府科普管理工作应更加注重内容的创新性，如结合最新的科技进展、社会热点话题，以生动有趣的方式呈现给公众。这不仅可以吸引公众的注意力，还能激发他们对科学的兴趣。

利用新媒体平台进行科普传播。当前，新媒体平台已经成为信息传播的主要途径。政府科普管理工作应充分利用新媒体平台，如微博、微信公众号、短视频平台等，进行科普内容的传播，可以扩大科普内容的覆盖面，提高传播效率。

传统的科普形式如展览、讲座等已经不能满足现代人的需求。作为科普管理干部，可以尝试引入新的科普形式，如科学工作坊、科学剧、科学游戏等。这些形式更具互动性和趣味性，能够吸引更多人参与。

（四）完善检查评价体系

建立科学的评价体系是提高科普工作质量的重要保障。政府应制定具体的评价标准和方法，定期对科普工作进行评价和考核，及时发现问题并进行改进。

作为科普管理干部，在履行科普管理工作职责时，顺势而为是非常重要的。这意味着要根据当前的社会趋势和公众需求，灵活调整科普工作的策略和方法。

把握时代脉搏：随着科技的发展，科普工作的内容和方法也在不断变化。例如，随着人工智能的普及，越来越多的人开始关注 AI 的伦理、隐私和安全问题。作为科普管理干部，可以组织相关的讲座、展览和活动，帮助公众了解 AI 技术的利与弊，引导他们理性看待这一技术。

利用新媒体扩大影响力：如今，人们获取信息的主要途径已经转向新媒体。科普管理干部可以开设科普公众号、微博或抖音账号，定期发布与生活息息相关的科普文章、短视频等，提高科普内容的覆盖面，吸引年轻人的关注。

提高公众参与度：鼓励公众参与科普活动是提高科普效果的关键。例如，通过线上平台征集公众的科学问题或创意，组织线下科普活动时邀请公众参与设计和执行。根据反馈调整科普内容和形式，持续优化科普管理工作。这有助于确保我们的工作始终与公众需求保持一致，提高科普效果。

定期进行科普工作评估与总结：定期对科普工作进行评估和总结，分析工作中的不足和成功经验。通过总结，发现自己的不足之处，并及时进行调整和改进。

综上所述，增强科普管理工作的前瞻性需要我们在多个方面进行努力和实践。

第五节　知难才能行易

凡事预则立，不预则废。多考虑困难和突发事件，多加强模拟演练，这样才能从容应对各种情况，泰然处之。做好任何工作，一定要加强学习、加强研究，了解工作内容，找到关键环节和关键点，制定详细的工作方案，做好充分的准备工作，制定详尽的分工方案，责任到人，制定路线图和时间进度表。在科普工作中，科普管理起着至关重要的作用。如何做到知难行易，使科普管理工作更为高效和有力，是值得我们深入探讨的问题。

科普管理是一项既复杂又重要的工作。通过细化方案、提升难度、做好预案和降低预期等方面的实践，我们可以更好地应对科普工作中的挑战和困难。同时，我们也需要不断学习和探索，不断完善和创新科普管理的方式和方法，为推动科普事业的发展贡献力量。

预设难度，做好了心理准备和应急方案，就可以按照计划实施，圆满完成任务。例如，科技活动周主场如果在室外举办，前一天晚上获知天气预报第二天有雨怎么办？连夜转到室内，如果没有预案一夜之间是很难完成的。类似的情况不止一次发生过，由于有工作预案，都有惊无险地解决了。

树立服务意识，做好科普工作。科普工作是提高公众科学素质、推动科学发展的重要途径。在新时代，科普工作面临着新的机遇和挑战，需要我们树立服务意识，做好科普工作，以满足公众对科学知识的需求。

（一）细化工作方案

"凡事预则立，不预则废。"这是我们常常提到的古训，强调了事先规划的重要性。在科普管理中，细化方案是关键。我们需要深入研究科普工作的内容，明确目标，找出关键环节和关键点，制定出详细的工作方案。这包括对科普活动的策划、组织、实施和评估等各个环节的明确规划。同时，做好充分的准备工作，制定详尽的分工方案，责任到人，才能确保科普工作的顺利进行。

（二）促进资源共享

为了更好地服务公众，需要打造一个科普资源共享大平台。这个平台可以整合各类科普资源，包括科技场馆、实验室、科普活动等，使公众能够方便地获取科普信息和服务。同时，这个平台还能促进科普资源的共享和交流，提高科普资源的利用效率。通过这个平台，可以更好地服务公众，满足他们对科学知识的需求。

（三）试点示范引领

基层科普工作往往存在资源和能力不足的问题。为了解决这一问题，需要采取定点帮扶的方式，加强对基层科普工作的支持。可以选派优秀的科普工作者到基层开展培训和指导，帮助基层建立完善的科普体系和工作机制。同时，还可以通过合作和交流等方式，推动基层科普事业的发展和提高。

（四）实施精准供给

做好科普工作的首要任务是了解公众需求，根据需求提供相应的科普内容和服务。我们应该深入调研，了解不同群体对科普知识的兴趣和需求，然后根据这些需求制定科普计划和活动。同时，我们还要不断创新科普方式，采用通俗易懂的语言和生动有趣的表达方式，使科普内容更易于理解和接受。要多调研、摸清公众及社会的科普需求，满足公众与社会科普需求，提供精准化、个性化的科普供给。要针对公众对美好生活的向往和需求，创新科普方式，充实科普内容，满足公众的个性化需求，提供定制服务。要学习和借鉴国外、港澳台地区、部门、地方科普成功经验与做法，使新时代的科普在提高人民生活水平、服务职业发展需求、满足公众对美好生活的追求与向往方面发挥作用，给公众带来获得感、喜悦感、幸福感。

（五）提高科普质量

提高科普管理的难度，并不是指故意设置障碍，而是通过增加挑战来激发创新和突破。在实际工作中，应积极探索和实践，不断提升科普工作的质量和水平。这包括探索新的科普形式和载体，提高科普活动的吸引力和影响力。同时，需加强自身的培训和学习，提高科普工作者的专业素养和能力。国内外有许多成功的科普经验和做法值得学习和借鉴。可以从其他国家和地区、机构、组织的科普工作中汲取经验，引进优秀的科普资源和方法，以提高中国科普工作的质量和水平。同时，要不断探索和创新，形成具有中国特色的科普模式和经验。

（六）降低管理预期

降低预期并不是指对科普工作失去信心或降低要求，而是指在实际工作中保持平和的心态，不因一时的困难而气馁。在科普管理中，我们需要明确目标，坚定信心，不断努力。同时，也要认识到科普工作的长期性和复杂性，保持耐心和毅力。只有降低过高的预期，我们才能更加客观地看待问题，且更加理性地分析困难和迎接各种意想不到的突发事件与挑战。

（七）做好应急预案

在科普管理中，做好预案至关重要。预案的制定需要考虑各种可能的突发情况，包括天气变化、设备故障等不可控因素。通过制定详细的应急预案，我们可以从容应对各种突发情况，确保科普活动的顺利进行。同时，预案的制定也需要充分考虑时间节点和执行流程，以确保在紧急情况下能够迅速作出反应。

总之，树立服务意识是做好科普工作的关键。需要深入了解公众需求，提供精准供给；借鉴成功经验，提高科普质量；打造科普资源共享平台，促进资源共享；定点帮扶基层，提高基层科普能力。只有这样，科普管理工作才能更好地服务公众，满足他们对科学知识的需求。

第六节　合作实现共赢

在当今社会，科普管理工作的重要性日益凸显。科普不仅是科学知识的普及，更是提高公民科学素养、促进社会发展的重要途径。然而，科普工作涉及多个领域和部门，需要各方齐心协力、合作共赢。只有找准合作伙伴、开展真诚合作、尊重对方意见、协同创新，及时表彰奖励等措施多管齐下，才能实现科普管理的合作共赢。

做任何事单靠一个部门、一个人是不行的，合作是最好的办法。科普也是同样，中国的科普资源集中在不同的部门和领域。专业的科普人才是很少的，更多的是兼职科普人才。无论是科普管理部门，还是科协组织等，一定要学会调动部门从事科普的积极性，发挥部门资源与人才优势，团结他们共同开展科普活动。

（一）完善细化方案

在科普管理工作中，制定明确的目标和计划是提高管理水平的关键。例如，为科普活动制定详细的策划方案，包括活动主题、时间、地点、参与人员、流程等，确保每个环节都有明确的责任人和执行计划。

对科普管理工作中的各个环节进行分析，找出瓶颈和低效环节，进行优化。例如，通过简化审批流程、改进资料归档方式等措施，提高工作效率。

加强团队建设与培训。定期组织团队建设活动，增强团队凝聚力。同时，加强对员工的培训和发展，提升他们的专业素养和工作能力。例如，为新员工提供入职培训，为老员工提供技能提升课程。

（二）找准合作伙伴

科普的范围很广，还有许多亟待开发的领域，寻找有资源、有意愿的合作伙伴是关键。许多专业领域部门拥有丰富的机构、人才与资金，是优质的科普潜在资源，为此，科学技术部门、科协组织要积极主动地与相关部门共同调查、研究，找准突破口，从易到难，启动特色科普活动，做大做强科普平台。

科普资源分散在不同的部门和领域，因此，找准有意愿、有资源的合作伙伴至关重要。通过与专业领域部门调动和盘活优质科普潜在资源，可以共同开展特色科普活动，做大做强科普平台。同时，还要注重调动企业、社会团体和个人的参与积极性，共同推进科普事业发展。

（三）建立互信关系

合作创新是实现科普管理共赢的关键。在共同主办、共同投入、共同实施的基础上，各方应共同策划、组织科普活动，风险共担，将成果惠及公众。通过创新的方式和方法，可以提升科普活动的吸引力和影响力，更好地服务于公众。同时，要注重跨领域合作，探索科普新模式和新平台，共同推进科普事业的进步。

这方面的案例很多。科学技术部、生态环境部合作开展生态环境科普工作就是典范。从印发开展生态环境科普工作的意见，到制定生态环境科普规划、命名全国生态环境科普基地、生态环境科普作品评选，生态环境科普工作在全国开展得有声有色、独树一帜。

在科普管理工作中，实现合作共赢是至关重要的。合作共赢是指通过与多方合作，共同实现目标，并在此过程中实现各方的利益最大化。以下方法可以帮助你在科普管理工作中实现合作共赢。

1. 明确共同目标

在合作之前，确保所有合作伙伴都有明确的共同目标。这个目标应该是可衡量、可实现且具有社会价值的。通过明确共同目标，可以凝聚各方的力量，为合作打下坚实的基础。寻找合适的合作伙伴。在选择合作伙伴时，要综合考虑各方的资源、优势和价值观。一个合适的合作伙伴应该能够在科普工作中发挥其独特的价值，并为实现共同目标作出贡献。

2. 尊重彼此利益

互信是合作共赢的基础。在合作过程中，要积极建立和维护互信关系。这需要各方在沟通、协作和解决问题时保持透明和诚实，尊重彼此的意见和利益。制定合作方案。制定一个明确的合作方案，明确各方的职责、资源和利益分配。这个方案应该具有足够的灵活性，以便应对可能出现的变化和挑战。

3. 加强协作沟通

在合作过程中，要积极加强协作与沟通。这包括定期举行会议、分享信息、解决问题和协调行动等。通过良好的协作与沟通，可以确保合作顺利进行并取得成功。

4. 评估调整方案

在合作过程中，要定期评估合作方案的执行情况，并根据实际遇到的问题和困难进行调整。这有助于确保合作始终沿着正确的方向前进，并实现各方利益的最大化。

5. 拓展合作领域

在合作取得一定成果后，可以进一步拓展合作领域，扩大合作的范围和深度。这有助于巩固合作关系，并为各方带来更多的机会和利益。通过以上措施，可以在科普管理工作中实现合作共赢，推动科普事业的发展，同时也为各方带来实际利益和社会效益。

建立有效的沟通机制，确保信息畅通，提高决策效率和执行力。例如，定期召开部门例会，让员工分享工作经验和提出改进建议。运用现代科技手段，如数字化管理系统、在线协作工具等，提高管理效率和信息传递速度。例如，使用项目管理软件进行科普项目的管理和进度跟踪。

（四）开展真诚合作

科普工作需要多方合作才能完成，因此，真诚合作是活动成功举办的基本前提和重要保障。各方的优势和长处应得到充分发挥，共同开展合作，实现利益共享、风险共担。通过真诚合作，可以保障各类科普活动成功举办。科普工作涉及方方面面，需要动员各个部门、企业、社会团体和个人加入。许多活动需要多方合作才能完成。为此，应该发挥各自的优势、长处，开展合作，利益共享、风险共担，从而保障各类科普活动成功举办。实际上许多大型科普活动能够持续举办多年，就是因为遵循了合作的基本原则，各方的真诚合作是活动成功举办的基本前提和重要保障。

尊重对方是合作的基本前提，也是调动各个机构和个人加入科普工作的重要保障。在科普工作中，要充分尊重参与者和合作方的核心利益，寻求共赢。通过相互尊重、理解与支持，可以促进各方的深度合作。科普工作一定要动员更多的单位和个人加入，所以尊重参与者、尊重合作方十分重要。做好科普工作的前提是尊重对方的核心利益，寻求共赢，这样才能调动各个机构和个人参与科普工作。如果一味只关心自己的利益、对自己合适，那么合作可能就是一次性的，或者是短期的。

（五）提高管理水平

在科普管理工作中，提高管理水平和领导艺术是至关重要的。管理水平决定了整个团队的工作效率和成果质量，而领导艺术则影响着团队的凝聚力和创造力。以下是一些建议，通过举例说明如何提高管理水平和领导艺术。

1. 提升领导艺术

以身作则，树立榜样：作为科普管理工作的领导者，要以身作则，成为员工的榜样。例如，在工作中严格要求自己，带头遵守规章制度，身体力行关心员工成长，通过自身的行为影响和激励团队成员。

2. 倾听沟通并行

领导者要善于倾听员工的意见和建议，了解他们的需求和困难。同时，加强与员工的沟通交流，让他们感受到关心和支持。例如，定期与员工进行一对一的面谈，直接听取他们的想法和反馈。

3. 风险利益共享

领导者要鼓励团队成员勇于创新和尝试新方法。遇到困难，出现问题，没有实现预定目标要勇于承担责任，接受处罚，这样才能赢得员工的尊重和敬佩。

4. 平衡工作生活

领导者要关注员工的身心健康，鼓励他们平衡工作与生活的关系。例如，为员工提供适当的休息时间和放松空间；组织团队活动，增进员工之间的友谊和默契；提供免费的咖啡、茶、饮料，等等。

建立良好的企业文化：领导者要努力营造积极向上、团结协作的企业文化，让员工感受到归属感和荣誉感。例如，通过举办团队建设活动、员工表彰大会等形式，增强团队凝聚力和向心力。

当你有好的科普工作建议，但你的直接领导不同意时，要换个方式去说服他（她），坦诚说明你的想法与目的，争取他（她）的理解与支持，进而推进工作，需要采取一些策略和技巧，帮助你与领导进行有效的沟通，以实现你的目标。

通过以上措施，科普管理工作的水平和领导艺术将得到显著提高，从而为整个团队创造一个积极向上的工作环境。

（六）善于沟通倾听

1. 做好充分准备

在向领导提出建议之前，确保你对建议的内容有充分的了解，包括实施细节、预期结果和可能的风险。同时，准备好回答领导可能提出的问题，并准备好应对措施。

2. 清晰表达意愿

在向领导提出建议时，要确保语言清晰、简洁、有条理。强调建议的重要性和价值，以及它如何为组织带来益处。使用具体事例和数据支持你的观点。

3. 倾听领导意见

在与领导交流时，要尊重并倾听领导的意见。了解领导不同意的原因，并对这些原因进行合理地回应。展示你的开放心态和对领导观点的理解。

4. 提供解决方案

除了提出建议，还要为领导提供解决方案。展示你对建议的实施细节有充分的考虑，并提出可行的计划。这可以减轻领导的担心，并展示你的专业能力。

5. 寻求伙伴支持

如果可能的话，寻求其他专家、顾问或相关部门的支持。召开专家座谈会、咨询会是个好方式，他们可以提供独立的意见，帮助你证明建议的可行性和价值。

6. 适应灵活变通

在与领导沟通时，保持灵活性和适应性。如果领导的意见与你的建议有所不同，寻找妥协方案或调整建议以满足双方的需求。展示你对组织的承诺和合作精神。

7. 根据反馈改进

如果建议最终得到实施，还需持续关注其效果并给予反馈。发现任何问题或不足之处，应及时改正。

总之，实现科普管理的合作共赢需要多方的共同努力和协作。通过找准伙伴、真诚合作、尊重对方、合作创新以及表彰奖励等措施的实践与应用，可以更好地整合资源、发挥优势、实现合作共赢。同时，要不断总结经验教训，创新管理模式和方法，为科普事业的发展注入新的活力。相信在各方的共同努力下，定能实现科普工作目标。

第七节　科普表彰奖励

正所谓"重赏之下必有勇夫"，各有关部门要认真研究制定加强国家科普奖励政策和激励措施，完善国家科普奖励政策，加大科普奖励力度，增加科普奖项，充分发挥其对科普的重要引导和激励作用，从而真正激发科普工作者的积极性和创造性。

（一）发挥科普奖励作用

科普奖励是调动各类机构和从事科普工作人员积极性的有效方式，具有十分重要的导向作用。目前，关于科普的奖励主要有以下类别。

1. 国家科技进步奖科普作品奖

从 2005 年开始，在国家科技进步二等奖中设立科普作品，截至 2023 年，共奖励了 60 部科普作品。

2. 全国科普工作先进集体、先进工作者

这是中共中央、国务院批准的国家级科普工作奖励，分别在 1996 年、1999 年、2002 年、2010 年、2016 年、2020 年、2024 年进行了七次奖励，表彰了一批全国科普工作先进集体和先进工作者，对促进全国科

普工作的开展，发挥了良好的示范引领作用。

3. 全国文化科技卫生"三下乡"先进集体、先进个人

这是中共中央批准的奖励，多次表彰了在文化、科技、卫生三下乡工作表现突出的先进集体和先进个人，有力地推进了该项工作的持续健康发展，为农民、农村带来了实实在在的实惠和帮助。

4. 全民科学素质纲要实施先进集体、先进个人

这是中共中央批准的奖励项目，分别在 2011 年、2016 年、2021 年进行了三次奖励。通过对部门、地方参与全民科学素质纲要实施工作中表现突出的集体和个人进行表彰，有力调动了社会各界参与全民科学素质纲要实施工作的积极性。

5. 其他部门或地方的科普奖励

中共中央、国务院部门、地方等分别表彰了科普先进集体和先进工作者。有关部门和地方、企事业单位、学会协会等设立不同类别的科普奖项。有关部门和地方对参与全国科技活动周表现突出的个人和单位颁发科技活动周荣誉证书、科技活动周优秀组织单位，中国科协、地方科协等对参与全国科普日活动的单位及个人颁发全国科普日荣誉证书，等等。

（二）科普奖励存在的主要问题

1. 奖励机制不完善

当前，科普奖励政策在评选标准、奖励范围、奖励额度等方面尚存在不足，导致一些优秀的科普作品和科普工作者未能得到应有的认可与

奖励。与政府对科技创新的奖励相比，对科普的奖励不够重视。科普奖励尚未成为一个独立的奖项。科普奖励的级别、奖励的数量明显偏少。奖励的周期偏长，全国科普工作先进集体和先进工作者的奖励每三年一次，但由于程序繁琐，往往变成四年一次，甚至更长周期。

2. 奖励宣传缺位

对科普奖励政策的宣传不重视、宣传力度不够，导致许多单位和科普工作者对科普奖励政策了解不足，部门和地方设置的科普奖项很少。有些部门对科普奖励甚至存在误解，影响了科普奖励政策的实施效果。

3. 奖励资金偏少

科普奖励政策的实施需要一定的资金支持，发挥有效的激励作用。目前科普奖励主要是精神奖励，很少有奖金，与科技创新的高额奖金相比相去甚远。在这种状况下，难以充分调动科技人员、科普工作者、科研机构和大学从事科普的积极性。

（三）加大科普奖励力度

完善国家科普奖励政策是推动科普事业发展的重要举措。通过完善奖励机制、加强奖励宣传、增加资金投入、建立科普工作者培训体系以及强化科普成果评价与应用等措施，可以为科普工作者创造更好的工作环境和发展空间，激发其积极性和创造性。

1. 完善科普奖励机制

（1）明确评选标准：制定更加科学、公正、透明的评选标准，确保优秀的科普作品和科普工作者能够得到公正评价。

（2）扩大奖励范围：将更多类型的科普活动和科普工作者纳入奖励范围，如科普展览、科普讲座、科普媒体等，以鼓励更多的科普创新和实践。

（3）提高奖励额度：适当增加奖励额度，使科普工作者获得与其付出相匹配的物质回报，提高科普工作的吸引力。

2. 扩大科普奖励类别

与科技创新相比，对科普的奖励目前偏少、偏低，尚未起到激励科技工作者从事科普的积极性的作用。应该将科普奖单独设立，自成体系。现阶段，应逐步将科普讲解、科学实验展演、科普动漫和科普展教具等纳入国家科技奖励范围。加大对科普工作先进集体和先进工作者的表彰力度和奖励数量、频次。

3. 提升科普奖励级别

目前，国家科技进步奖二等奖中设立了科普作品奖，每年奖励 1～7 部作品，截至 2023 年共奖励了 60 部科普作品，所占比例不足 1%。增加国家科普奖励数量势在必行，应该使国家科普奖励占比提升到 5%～10%。

应该提升国家科普奖励级别，对于优秀的科普作品，应该设立国家科技进步一等奖、特等奖。对于对中国科普事业作出杰出贡献的科普工作者应该授予国家最高科普奖。这样才是落实习近平总书记"科技创新、科学普及是实现创新发展的两翼，要把科学普及放在与科技创新同等重要的位置"重要指示的真正体现。中共二十大报告历史性地将教育、科技、人才"三位一体"统筹部署，进一步明确了科普发展的战略任务和使命导向。新时代呼唤高质量的新科普，促进科技创新和科学普及的协调发展，才能为实现高水平科技自立自强，建设中国式现代化奠定坚实的发展基础。

4.鼓励社会个人设奖

鼓励社会力量、个人设立多种形式的科普奖。制定科学合理的国家科普奖励制度，放开社会力量、个人设立各种形式的科普奖，增加激励措施，调动科技人员、科普工作者从事科普的积极性。

5.提高科普奖励金额

（1）政府加大资金投入：政府应加大对科普奖励政策的资金投入，提高奖金数额，确保科普奖励政策的落实到位。

（2）引导社会资金支持：鼓励企业、社会组织等力量参与科普奖励政策的实施，通过设立科普基金、捐赠等方式，为科普事业发展提供资金支持。

6.强化科普成果应用

（1）建立科普成果评价体系：制定科学的科普成果评价标准和方法，对科普成果进行客观、全面地评价。

（2）推动科普成果应用：加强科普成果与产业发展、社会进步等领域的对接，推动科普成果转化为实际生产力，为社会经济发展贡献力量。

（3）加大宣传力度：通过媒体、网络等渠道，广泛宣传科普奖励政策，提高科普工作者积极性、主动性。

（4）举办宣传活动：定期举办科普奖励政策宣讲会、座谈会等活动，与科普工作者面对面交流，解答疑问，推动政策的落实。

为了激励各方参与科普工作的积极性和创造性，需要建立健全的表彰奖励机制，增加科普奖励类别和奖励力度，扩大科普奖励范围和数量。通过评选全国科普工作先进集体、先进工作者等荣誉奖项，表彰在科普工作中作出突出贡献的单位和个人，提高其社会声誉和影响力。同时，对于积极参与科普工作的企业和个人，也可以给予相应的政策优惠和资金支持，激发其参与热情和创新活力。

第六章

科普创作出版

科普创作出版是科普能力的重要组成部分，是科普管理的重要内容。科普创作是开展科普的重要基础和前提；而科普出版是科学知识传播的重要途径，它将深奥的科学知识以通俗易懂、生动有趣的方式呈现给大众。科普作家运用巧妙的构思和深入浅出的语言，将复杂的科学原理转化为易于理解的内容。无论是宇宙的奥秘、生命的奇迹，还是新技术的突破，都能在科普作品中找到清晰的解读。科普出版为优秀科普作品提供了展示的平台，通过精心的编辑和设计，让书籍、杂志、电子读物等形式多样的科普作品走进读者的视野。科普创作出版能够激发大众对科学的兴趣和热爱，培养科学思维，有助于消除科学知识的鸿沟，让不同年龄段、不同背景的人都能接触、理解科学，为科技创新营造了良好的社会文化氛围。

第一节 鼓励原创作品

　　科普作品是科普的重要基础，创作和出版优秀科普作品是国家科普事业发展的重要标志，也是国家科普发展程度的真实反映。科技发达的国家不仅科技创新能力强，科普创作出版水平也很高。可以说科技创新和科学普及是协调发展、互为促进的。重视科普创作、支持科普原创是国家的长期政策，为此，国家对科普创作出版给予了税收优惠政策、资助科普作品创作出版，奖励优秀科普作品。

　　改革开放以来，中共中央、国务院发布了《关于加强科学技术普及工作的若干意见》，颁布了《中华人民共和国科学技术普及法》，制定并实施了《全民科学素质行动计划纲要》，中共中央办公厅、国务院办公厅印发了《关于新时代进一步加强科学技术普及工作的意见》。这些文件确立了新时期科普事业发展的基本方向和战略方针，推动了中国科普事业繁荣发展，公民的科学素质不断提高。然而，随着创新型国家战略目标的提出，公众对科普需求大幅增加，提升公众科学素质的任务更加艰巨，科普能力建设薄弱的问题更加突出，主要体现在：高水平的原创性科普作品比较匮乏，科普基础设施不足、运行比较困难，科普队伍和科普组织不够健全和稳定，科学教育、大众传媒等教育和传播体系不够完善，高水平的科普人才缺乏，政府推动和引导科普事业发展的政策和措施有待加强等。这些问题的存在，直接关系到公民科学素质提高的进程，必须采取有力措施，大力加强国家科普能力建设，为实现建设创新型国家的目标奠定坚实的社会基础。

一个国家向公众提供科普产品和服务的综合实力，主要包括科普创作、科技传播渠道、科学教育体系、科普工作社会组织网络、科普人才队伍以及政府科普工作宏观管理等方面。加强国家科普能力建设，提高公民科学素质是增强自主创新能力的重要基础，是推进创新型国家建设的重要保障。

（一）资助原创作品

1. 鼓励资助原创科普作品

针对公众需求和欣赏习惯的变化，结合现代科技发展的新成就和新趋势，大力倡导自然科学和社会科学结合，知识性和娱乐性结合，专业科技人员与文艺创作人员、媒体编创人员相结合。使科普创作做到既要普及现代科学技术知识，大力弘扬科学精神、倡导科学思想、传播科学方法，又要掌握和创新科普作品的创作技巧，做到内容与形式的有效统一。推动全社会参与科普作品创作，既要引导文学、艺术、教育、传媒等社会各方面的力量积极投身科普创作，又要鼓励科研人员将科研成果转化为科普作品。要采取多种形式，建立有效激励机制，对优秀科普作品将给予支持和奖励。

2. 加大科技传播力度

综合类报纸、期刊和电视、广播、互联网等大众媒体要设立科普类专题、专栏、专版或频道，增加播出时间、版面，提高质量和水平。要逐步提高编创水平，打造精品科普栏目，满足广大公众不同层次和形式的需求。建立以社会效益为主的科普类节目收视评价体系，积极推进广播电视节目制作、播出分离的改革，推动科普节目制作社会化，丰富节目来源。

3. 发挥新兴媒体作用

打造和扶持一批富有特色的、高水平的科普网站或栏目。拓展科普出版物的发行渠道，大力扶持科普出版物在农村、西部和少数民族地区的发行工作。采用市场机制与政府支持相结合的手段，推出一批科普影视作品、精品专题栏目和动漫作品。

（二）丰富创作资源

1. 科技计划项目增加科普任务

科技计划项目要注重科普资源的开发，并将科技成果面向广大公众的传播与扩散等相关科普活动，作为科技计划项目实施的目标和任务之一。对于非涉密的基础研究、前沿技术及其他公众关注的国家科技计划项目，其承担单位有责任和义务及时向公众发布成果信息和传播知识。

2. 建立完善科技信息发布机制

在国家重大工程项目、科技计划项目和重大科技专项实施过程中，逐步建立健全面向公众的科技信息发布机制，让社会公众及时了解、掌握有关科技知识和信息。规范商业活动中科技信息传播。大众传媒要担负起向公众准确发布科技信息的责任。对企业产品发布中含有虚假科技信息的行为，相关行政主管部门要予以及时纠正；对利用科技信息的欺诈行为，要依法给予查处。各级科协组织、有关社会团体、科研机构要采取多种方式，加强面向公众的科技信息咨询，建立通畅的科技信息传播渠道。

3. 吸收公众参与政府科技决策

要建立通畅的沟通渠道，听取公众对科技规划和政策研究制定的意见和建议。加强公众对科研不端行为的监督，推动科学道德和科研诚信建设。对于涉及公共安全、社会伦理等与公众利益密切相关的科研项目，要逐步建立听证制度，扩大公众对重大科技决策的知情权和参与能力。

（三）培养创作人才

1. 提高科普人员专业化水平

不断壮大由科技工作者、科学课程教师、科普创作人员、大众传媒的科技记者和编辑、科普场馆的展览设计制作人员、科普活动的策划和经营管理人员、科普理论研究工作者等组成的科普人才队伍。适应市场化进程和现代传媒业发展的需要，在高校设立科技传播专业方向，跨学科培养一批科技传播、科普创作和理论研究的创新型人才。加强具有理工科和文科教育背景的专业化、职业化的科普创编和策划人才队伍建设。开展面向科普工作管理人员、科技场馆展览设计人员、科技记者和编辑、科普导游、科普讲解员的培训，进一步提高科技传播队伍的专业素质。倡导广大科技人员投身科普事业，让更多最新科学技术成果惠及人民群众。

2. 加强科普志愿者队伍建设

通过暑期社会实践和支农支边支教活动，形成一支能够在基层，特别是深入农村和西部地区开展科普宣传活动的志愿者队伍。组织老专家、老教授、退休党政机关干部，发挥专业和技术特长，积极参与科学教育和科技传播工作，广泛开展科普宣传活动。发展城市社区、乡村科普志愿者队伍，培养科普宣传员。

第二节　资助科普出版

　　科普图书作为传播科学知识、提高公众科学素养的重要载体，在新时代的重要性愈发凸显。公众获取知识，主要是通过图书，科普图书是青少年获取知识的重要途径。随着科技的飞速发展，科普图书的出版也需要与时俱进，不断加强和改进。

（一）完善相关政策法规

　　政府应该制定和完善相关政策法规，为科普原创著作的出版提供更好的保障和支持。例如，制定相应的税收优惠政策，鼓励企业或个人对科普创作进行捐赠；加强对科普原创著作的知识产权保护，保障作者的合法权益；制定相应的奖励政策，对于获得社会广泛认可的科普原创著作给予一定的奖励和荣誉。

　　资助科普原创著作出版需要政府、企业和社会组织的共同努力。只有通过多种途径的支持和推动，才能让更多的优秀科普原创著作得以出版。

（二）精准满足多元需求

在新时代，科普图书的受众群体更加广泛，包括青少年、成年人、老年人等不同年龄段的人群。因此，科普图书的出版需要针对不同受众群体进行精准定位，满足其多元化的需求。例如，针对青少年的科普图书应以趣味性和互动性为主，激发他们对科学的兴趣；针对成年人的科普图书应以实用性和知识性为主。

（三）提高内容供给质量

科普图书的核心是科学知识，但传统的科普图书往往过于注重知识的灌输，缺乏趣味性、互动性和实用性。因此，创新科普图书的内容是提高其质量的关键。例如，可以采用故事化的叙述方式，将科学知识融入故事情节中，让读者在阅读中感受到科学的魅力；可以采用图解化的表达方式，将复杂的科学原理通过图解直观地呈现出来，帮助读者更好地理解。

科普图书的出版需要多方合作，包括作者、出版社、编辑、设计师等。加强合作、实现资源共享是提高科普图书出版质量的重要途径。例如，出版社可以与优秀的科学家、科普作家建立合作关系，邀请他们参与科普图书的编写；编辑和设计师可以通过交流、学习等方式不断提高自己的专业素养，为科普图书的出版提供更好的服务。

（四）拓展渠道扩大范围

在新时代，科普图书的出版需要拓展渠道、扩大影响力。除了传统的实体书店销售外,科普图书还可以通过网络平台、社交媒体等渠道进行销售和推广。例如,出版社可以在自己的官方网站上开设科普图书专区,提供电子书和纸质书的购买服务;科普图书作者可以通过微博、微信等社交媒体平台宣传自己的作品,与读者进行互动交流。

科普图书的出版是一个持续改进的过程,需要注重读者的反馈和评价。通过收集读者的反馈和评价,可以对科普图书的出版进行有针对性的改进和优化。例如,对于读者反映较多的问题点,可以进行改进和优化;对于读者提出的建议和意见,可以积极采纳并应用到后续的出版工作中。

加强新时代科普图书出版需要从多个方面入手,包括精准定位、创新内容、加强合作、拓展渠道和注重反馈等。只有不断提高科普图书的出版质量和影响力,才能更好地满足人民群众对科学知识的需求。

科普原创著作的出版对于推动科学知识的普及、提高公众科学素养具有重要意义。然而,由于科普原创著作的编写需要投入大量的人力、物力和时间,许多优秀的科普作品往往因为资金不足而难以出版。因此,如何资助科普原创著作出版成了一个亟待解决的问题。

(五)设立科普出版基金

政府、企业和社会组织可以设立科普著作出版基金,为科普原创著作的出版提供资金支持。这些基金可以通过公开征集、专家评审等方式,选择优秀的科普原创著作进行资助。同时,可以制定相应的奖励机制,对于获得出版的优秀科普著作给予一定的奖励,激励更多的科普原创作品涌现。

出版机构是科普原创著作出版的关键环节。政府、企业和社会组织可以与出版机构建立合作关系，共同推动科普原创著作的出版。例如，向出版机构提供资金支持，帮助其降低出版成本；与出版机构共同策划科普原创著作的选题和编写，提高作品的质量和水平；与出版机构合作开展科普宣传活动，扩大科普原创著作的影响力；降低出版社税率，增加出版社的营收能力。

除了政府、企业和社会组织外，社会力量也可以参与科普原创著作的资助。例如，鼓励个人或企业捐赠资金支持科普原创著作的出版；开展科普原创著作的众筹活动，让更多的人参与科普作品的资助；设立科普创作奖项，鼓励更多的科普作家创作出优秀的作品。

第三节　优秀作品特征

2011 年，科学技术部开始推荐全国优秀科普作品，2012 年开始固定为每年推荐 50 部全国优秀科普作品（其中 2017 年 47 部），2019 年开始每年增加到 100 部。至今，已经推荐了 897 部全国优秀科普作品。

2015 年，科学技术部会同中国科学院举办全国科普微视频大赛，每年评出 100 部全国优秀科普微视频。至今，已经评出 900 部全国优秀科普微视频。

分析国际科普作品的主要特点与发展趋势，结合对中国获得国家科技进步奖和全国优秀科普作品（含译著和再版图书）的分析，经过综合比较，优秀科普作品一般具备以下主要特征：

（一）科学性

科普作品首先要具备弘扬科学精神、普及科学技术知识的内涵。"科学性是科普作品的根本"，[1] 科普作品的主要任务是面向公众普及科学技术知识，弘扬科学精神，传播科学思维方式，唤起读者对科技的兴趣。使读者通过阅读科普作品获取新的科学技术知识。科普作品与教材最大

1　董仁威.科普创作通论 [M].成都：四川科学技术出版社，2007.

的不同是使读者主动、自觉、轻松地阅读。所以其必须具有科学性的实用特点，科学性贯穿在图书中，使读者能间接地进行知识学习。刘嘉麒院士指出："科学性是科普作品的内涵，是科普的灵魂。"科学性应该包括对非科学性知识的批驳，这种批驳有助于科学性的传播。"在某种程度上，科学是在传播过程中通过'他者'，即它的对立面来解释自身，以及断言自身的权威、声望和发展趋向的。"例如，《十万个为什么（第六版）》（韩启德主编）、《中国矿物及产地》（贝特赫尔德·奥腾斯著）。

（二）原创性

原创的科普图书才真正具有价值和值得阅读。科学家、科技人员应亲自撰写科普作品，特别是结合自己从事的科研领域，对取得的科技创新成果进行通俗化解释，创作科普图书。针对目前科普丛书泛滥的现状，政府资金及各类出版资金应减少支持丛书，重点支持单一作者、单册作品。不可否认，编写也是一种创作方式。但是现实中编写的科普图书良莠不齐，精品较少。各类项目和基金应更多地支持和资助原创作品，减少对编写、主编作品的资助。对水平一般、重复出版的许多主编的丛书也应该适当"叫停"了。例如，《"天"生与"人"生：生殖与克隆》（杨焕明著）、《众病之王：癌症传》（悉达多·穆克吉著）、《自然的魔法》（理查德·道金斯著）、《远古的悸动：生命起源与进化》（周志炎主编）。

（三）艺术性

科学知识只有通过优美文笔的描述才能引人入胜，增强读者的阅读兴趣。艺术性指的是写作技巧，包含通俗性和趣味性两个方面。通俗性是科普作品的基础。要用易于公众理解、接受、参与的方式写作，那些充满了专业术语、公式、符号，如科技论文般的作品，不能算是科普作品。趣味性是科普作品的灵魂，那些味同嚼蜡的作品，也不能算是科普作品。优美的文笔、精彩的描述增加作品的可欣赏性，引人入胜的情节和寓教于乐的创作方式则可大大提高读者阅读的兴趣。兼具科学性和艺术性的作者，往往是大师级作者。遗憾的是这样的大师级作者是较少的。所以我们常常看到了科学性，往往艺术性不够，难以吸引读者。艺术性强的科普作品，科学性又略显不足。促进两方面作者的交流、合作，是提高科普作品创作水平的重要任务之一。

（四）单一性

目前中国的科普图书呈现两极分化的倾向，简单的儿童科普丛书和大部头的综合类科普丛书居多，单册的、介绍单一知识的科普图书少。一般性的描述性作品多，深入介绍某一领域知识的精品少。介绍表面现象的作品多，深入传播某一知识、某种动物、植物的精品少。"科普文章一定要短小精悍，科普作家要摆正自己的位置，科普不过是向大众普及科学家的研究成果，不要老想着撰写什么'传世巨作'或者一定要获奖的'重磅文章'"。[1]单一性也可理解为简短性、简洁性，但是内容应该深入、具体，避免泛泛而谈，最好能把主要内容、重要知识普及到位。例如，《希望：拯救濒危动植物的故事》（珍·古道尔等著）、《中国古代机械文明史》（陆敬严著）、《守望雪山精灵：滇金丝猴科考手记》（龙勇诚著）。

1　杨先碧.让科普创作跟上时代的步伐 [J].上海科技馆，2010，2（2）：59-62.

（五）通俗性

通俗性是科普作品的关键特征，大多数人看不懂的书不能算是科普作品，起码是通俗性不够。科普图书不能写成第二教材，通俗是科普图书的最大特点。图书只有通俗了，读者才能容易读懂。把科学技术知识进行通俗化表达绝非易事，事实上，往往是科学大家才具备这样的功底和能力。欧阳自远先生多次表示，科学家才能写出好的科普作品来。"撰写科普作品，要求作者能够将学术共同体惯用的表达方式转化为大众生活语言，使其与公众的思维习惯和文化常识接轨"。[1] 通俗性不等于低水平，不能变成"白开水"，作品创作更不能"偷工减料"，照样要坚持高标准，保持科学性和知识性，同时兼具优美、生动的语言、流畅、细致的描写，引人入胜。

（六）图示性

优秀的、深受读者欢迎的科普图书往往是图文并茂的，精美的插图能极大地吸引读者的眼球，正所谓"一图胜千言"。中国大多数科普作品最欠缺的是精美的插图。为了便于读者理解科学知识和深奥的科学原理，科普图书最好多用图片来表现。Lisa F. Smith 等人认为，对于科学图片，科学家更注重其科学性，而公众更为关心图片的美学及产生的情绪反应。由于读者阅读习惯的改变，科普图书中图、照片的比例在不断增加，呈现出一页一图，甚至一页多图的趋势。与之对应，科普图书文字的比例在减少，基本呈现"两头多、中间少"的状况，即科普儿童作品和科普

1　张开逊. 关于科普创作与科普作家的思考 [J]. 科普研究，2012，7（4）：83-84.

老年读物图的比例要高，一般不少于 50%，一般读物则可保持在 30% 的比例。例如，《种子，如此酣睡：美丽成长科普绘本系列》（黛安娜·赫茨·阿斯顿著）、《视觉之旅：神奇的化学元素（彩色典藏版）》（西奥多·格雷著）。

（七）趣味性

能给读者带来快乐和笑声的科普图书才是好书。"科普作品趣味性的构成要素，主要是新颖有趣的内容和通俗生动的形式。首先要在内容上下功夫，即打好内容这个基础。第一步就是按照'满足需要是引发阅读兴趣的基础'这一原则，针对读者需要去选材。第二步就是对科学现象和科学原理进行梳理加工和深入浅出的还原"。[1] 科普作品的内容要活泼有趣，有故事情节，给人带来快乐或快感。科普作品内容一定要与读者生活、工作、兴趣产生某种联系，采用拟人化的写法也是重要的手段。一部好的科普作品应该是给读者带来快乐和笑声的，"寓教于乐"是基本要素，充满故事情节才能引人入胜。好书名对唤起读者的注意和提高读者的阅读兴趣十分关键，也是让许多作者、编者十分头疼的事情。书名既要高度概括书的内容，又要起到画龙点睛的作用，还要简单明了，朗朗上口，便于人们记忆，最好在 10 个字以内。书名的副题则可适当长些，以便读者了解书的具体内容。过长的书名很难提起读者的兴趣，晦涩难懂的书名会吓跑许多读者。当然，哗众取宠、名实不符则更糟。国内一些作者及出版社不太注意封面的设计，总体上封面过于简单、不够精致，色彩单调、缺少特色。例如，《物理学之美（插图珍藏版）》（杨

1　韦及 . 科普的核心与灵魂——科普创作 [J]. 金属世界，2002 (4): 30-31.

建邺著）、《分子共和国》（北京大学与分子工程学院编）、《DK 万物运转的秘密》（大卫·麦考利等著）、《写给小学生看的相对论》（福江纯著）、《小意外，大发明：50 个误打误撞的妙发现》（夏洛特·福尔茨·琼斯著）。

（八）多样性

科普图书对不同人群的吸引力是个难题。不同知识背景的人要求差异较大，科普作品的表现形式可以多种多样，切忌千篇一律。因此，创作科普作品最好细分读者群，逐级提高知识含量和科技内涵，才能收到最好的效果。不同人群对科普图书的标准和要求是不同的。对于院士、科学家等高层次科技人才，他们对科普作品的要求高，更看重原创性、科学性、艺术性，喜欢内容严谨的作品，对通俗性的关注不那么强。一般读者更关心科普作品的知识性、通俗性、趣味性，喜欢轻松的简单读本。青少年及儿童读者更喜欢科普作品的通俗性、图示性、独特性，喜欢活泼、图文并茂、形式新颖的作品，特别是新出现的可折叠式插件、可动手剪纸等图书深受儿童喜爱，在市场上颇受追捧。

科普图书大致可分为儿童版、青年版、成人版、老年版等四类。针对特定的读者群进行创作，儿童版应该图多文少，青年版应该图文相当，成人版应该文多图少，老年版应该图多文少，知识的含量也是如此，可采取倒 U 型曲线。

（九）简洁性

创作出版科普图书就是让更多的读者通过阅读获取科技知识。这就要求书的内容尽量简单、简短，浓缩主要内容，不必面面俱到，切忌长篇大论。创作者要注意区分一般读者和专业读者的需求，力争用最简单、简洁、简短的内容和方法将科技知识进行通俗化介绍。根据中国大多数读者一本书仅读一次的习惯，书籍所用纸张应使用再生纸或便宜纸张，减少彩色插图，多用漫画；去除多余的包装，改用小开本，既便于携带，也降低图书成本。国家对科普图书在已有税收优惠的基础上应进一步降税，让作者、出版、发行、销售各环节有利可图，可持续发展。在图书售价不断攀升的趋势下，科普图书的售价不能过高，鼓励通过高销量实现利润最大化、科普效用最大化。

第四节　奖励科普作品

（一）国家科技奖励科普作品

2005 年，科普作品纳入国家科技奖励，在科技进步奖中设立科普作品奖，每年有数量不等的作品获得全国科技进步二等奖，有的年度达到 7 部作品，有的年度仅有 1 部作品获奖。国家科学技术进步奖科普项目评审组自 2005 年开始设立，截至 2023 年，共评选出获奖科普项目 60 项。

表 6-1　国家科学技术进步奖二等奖科普作品名单

序号	获奖年度	项目名称	主要完成人	推荐单位
1	2005	《中国儿童百科全书》	吴希曾等	中国科协
2		《现代武器装备知识丛书》	汪致远等	总装备部
3		《数学家的眼光》	张景中	中国科协
4		《全球变化热门话题丛书》	秦大河等	中国气象局
5		《院士科普书系》	叶笃正等	中国科学院
6		《相约健康社区行巡讲精粹》丛书	殷大奎等	卫生部
7		解读生命丛书之《人类进化足迹》《大脑黑匣揭秘》	吴新智等	中国科协
8	2006	《书本科技馆》	张承光等	中国科协
9		《野性亚马逊——一个中国科学家的丛林考察笔记》	张树义	中国科学院
10		《身边的科学》	刘振海等	中国科协、教育部

续表

序号	获奖年度	项目名称	主要完成人	推荐单位
11		《中国天鹅》	忻迎一	中国科协
12		《协和医生答疑丛书》	袁钟等	卫生部
13		《信息站冲击波》国防教育系列片	安卫国等	总装备部
14	2007	《物理改变世界》	郝柏林等	中国科协
15		《沼气用户手册》科普连环画册	中国农业出版社	农业部
16		《世界兵戈》国防科技系列片	邱国立等	总装备部
17		《雷鸣之夜》	田荣等	国家广播电影电视总局
18		《知名专家进社区谈医说病丛书》	胡大一等	中华医学会
19		《E 时代 N 个为什么（12 册）》	陈芳烈等	中国科协
20		电影科教片《煤矿瓦斯爆炸事故的防治》	宗树洁等	国家广播电影电视总局
21	2008	《气象防灾减灾电视系列片：远离灾害》	石永怡等	中国气象局
22		《彩图科技百科全书》	陈竺等	上海市
23		《飞天之路 —— 中国载人航天工程纪实》	马雅莎等	总装备部
24	2009	《"好玩的数学"丛书》	张景中等	国家新闻出版总署
25		《和三峡呼吸与共 —— 三峡工程生态与环境检测系统》系列专题片	张群等	国家广播电影电视总局
26		《多彩的昆虫世界》	赵梅君等	上海市
27	2010	《李毓佩数学故事系列》	李毓佩等	中国科协
28		《黑龙江农业新技术系列图解》丛书	韩贵清等	农业部
29		《数学小丛书》	华罗庚等	国家新闻出版总署
30		《追星 —— 关于天文、历史、艺术与宗教的传奇》	卞毓麟等	中国科协
31	2011	《农作物重要病虫鉴别与治理原创科普系列彩版图书》	郑永利等	中国科协
32		《讲给孩子们的中国大自然》	刘兴诗等	中国科协
33		《回望人类文明之路》	张开逊等	中国科协

续表

序号	获奖年度	项目名称	主要完成人	推荐单位
34		《防雷避险手册》及《防雷避险常识》挂图	陈云峰等	中国气象局
35	2012	《"天"生与"人"生：生殖与克隆》	杨焕明等	中国科协
36	2013	《保护性耕作技术》	李洪文等	中国科协
37		《基因的故事——解读生命的密码》	陈润生等	中国科学院
38	2014	《远古的悸动——生命的起源与进化》	周志炎、冯伟民等	中国科学院
39		《专家解答腰椎间盘突出症》	曹健等	上海市
40		《听伯伯讲银杏的故事》	曹福亮等	国家林业局
41	2015	玉米田间种植系列手册与挂图	李少昆，谢瑞芝等	中国科协
42		前列腺疾病100问	孙颖浩，王林辉等	上海市
43		中国载人航天科普丛书	王永志，王文宝，袁家军等	国家新闻出版广电总局
44	2016	躲不开的食品添加剂——院士、教授告诉你食品添加剂背后的那些事	孙宝国，曹雁平等	教育部
45		了解青光眼 战胜青光眼	孙兴怀，孔祥梅	上海市
46		《全民健康十万个为什么》系列丛书	钟南山，李大魁	中国科协
47		《变暖的地球》影片	柯仲华，李东风等	中国科协
48	2017	《湿地北京》	崔丽娟，张曼胤等	中国科协
49		《阿优》的科普动画创新与跨媒体传播	马舒建，李小方等	浙江省
50		"科学家带你去探险"系列丛书	张文敬，高登义等	中国科协
51		《肾脏病科普丛书》	刘章锁，章海涛等	河南省
52		《数学传奇——那些难以企及的人物》	蔡天新	浙江省
53	2018	《图说灾难逃生自救丛书》	刘中民，王立祥等	中华医学会
54		《生命奥秘丛书（达尔文的证据、深海鱼影和人体的奥秘）》	隋鸿锦，于胜波等	中国科协
55		"中国珍稀物种"系列科普片	王小明，李伟等	上海市

续表

序号	获奖年度	项目名称	主要完成人	推荐单位
56	2019	《优质专用小麦生产关键技术百问百答》	赵广才等	农业农村部
57		《急诊室故事》医学科普纪录片	方秉华，王韬等	上海市
58	2020	《图解畜禽标准化规模养殖系列丛书》	朱庆等	四川省
59	2023	《话说生命之宫》（上下卷）	谭先杰、向阳、王海峰等	国家卫生健康委员会
60		大型科普节目《加油向未来》	王雪纯、许文广、陈征等	北京市

（二）全国优秀科普作品推荐

科学技术部 2011 年启动全国优秀科普作品推荐，2012 年开始，每年推荐 50 部全国优秀科普作品（2017 年因为公示被取消了 3 部作品），截至 2018 年，共推荐了 347 部全国优秀科普作品。2019 年开始，每年推荐 100 部全国优秀科普作品（2021 年未开展活动），至今推荐了 400 部全国优秀科普作品，合计已经推荐了 747 部全国优秀科普作品。

详细内容扫码查看

科学技术部、中国科学院自 2015 年开始，每年推荐 100 部全国优秀科普微视频作品，至今已经推荐了 900 部全国优秀科普微视频作品。

上述全国优秀科普作品推荐活动，对优秀科普作品创作、制作产生了重要的激励作用，也促进了中国科普作品创作水平的提升。

部门、地方、协会、学会推荐优秀科普作品。中共中央、国务院部门、地方科普管理部门等分别开展了部门、地方、协会、学会优秀科普作品推荐活动，有效调动了科普创作人员、出版机构的积极性，一批优秀的科普作品脱颖而出，丰富了科普作品资源，满足了广大公众对科普作品的迫切需求。

第五节　提高创作水平

　　提高科普创作水平是科普的重要基础。制定科普创作能力提升计划，加强科普创作人才的培养和选拔，予以稳定的专项经费支持，形成一个比较完备的公众科学教育和传播体系，造就一支高素质的专兼职科普创作人才队伍。构建鼓励科普创作，赞赏出版科普精品的社会氛围；针对公众多样化的需求，创作出一批适合不同人群需要的优秀科普作品。提高中国科普创作能力，既要提高科普作品的创作能力和水平，也要大力提高文学作品，特别是电影内容的科技含量，使其充分发挥间接科普作品功能。同时，鼓励媒体和社会各界人士加强对科普作品的评论，表扬优秀作品，形成正确的舆论导向；批评水平一般和内容、质量差的作品，形成约束。

（一）完善科普创作出版政策

　　中国政府高度重视科普创作出版问题，2002 年《科普法》颁布实施后，为鼓励科普创作精品，2003 年起出台了科普税收优惠政策。从 2005 年起，在国家科技奖励中增加了科普作品的奖励，迄今已奖励了 60 部科普作品。这一举措犹如一石击水，激发了众多科技工作者、作家创作科普作品的积极性，优秀科普作品不断问世。2011 年开始，科学技术部启动全国优秀科普作品评选推介工作，至今已评出 897 部全国优秀科普作品，对社会各界参与科普作品创作发挥了良好的导向和示范作用，受到科技人员和科普创作者的广泛关注和出版界的广泛好评。通过优秀科普作品评选、推介、竞赛等方式，调动科技人员从事科普作品创作的积极性，激励广大科技人员投身科普创作，让更多最新科学技术成果惠及人民群众。今后应逐步将科普动漫和科普展教具等科普作品纳入国家科技奖励范围，调动科普展品、产品研发人员的积极性。同时鼓励社会力量设立多种形式的科普作品奖。加大对科普创作人员的表彰和奖励级别，争取早日设立国家科技进步一等奖、特等奖或国家科普大奖等奖项。

（二）加大政府科普创作投入

科普创作能力弱是中国科普能力建设存在的主要问题，政府及社会各界应重点支持科普原创能力的提高，鼓励多出科普精品。可喜的是一些部门、地方陆续在科普经费中立项支持科普创作，建立了科普出版基金或在科技出版基金中增加了对科普创作的支持。例如，北京市、上海市、广州市等每年有相当数额的科普创作经费；又如，中国科学院、中国科协等每年都有一定的经费支持科普创作。科学技术部在实施国家科技计划项目的过程中，提出了增加科普任务的要求，推进科研成果科普化工作。但是与科普事业发展需求相比，差距甚大。国家财政主管部门应该提高对科普投入重要性的认识，按照《中华人民共和国科学技术进步法》和《中华人民共和国科学技术普及法》的规定，设立科普专项经费，改变科普经费投入途径，加大对相关部门科普投入力度，加大科普创作投入，发挥示范引领作用。

（三）提高科普作品原创能力

推动科普作品创作，鼓励原创性优秀科普作品不断涌现。针对新时期公众需求和欣赏习惯的变化，结合现代科技发展的新成就和新趋势，大力倡导自然科学和社会科学结合，知识性和娱乐性结合，专业科技人员与文艺创作人员、媒体编创人员相结合。

科普创作做到既要普及现代科学技术知识，大力弘扬科学精神、倡导科学思想、传播科学方法，又要掌握和创新科普作品的创作技巧，做到内容与形式的有效统一，科学性和艺术性的完美结合。

推动全社会参与科普作品创作，既要引导文学、艺术、教育、传媒等社会各方面的力量积极投身科普创作，又要鼓励科研人员将科研成果转化为科普作品。要采取多种形式，建立有效激励机制，对优秀科普作品将给予支持和奖励。

针对科普场所建设和中小学校科技教育的现状及需求，重点开展科普展品和教具的基础性、原创性研究开发。制定科普展品和教具的技术规范，鼓励和引导一批科研机构、大学、企业等社会力量开展科普展品和教具的研究开发。科普作品要从以传播知识为主，向知识和技术方法并重转变。目前，未成年人普遍存在动手能力弱的问题，许多城市的孩子很少有动手的机会，这对培养创新能力是一大不足。为此，应在科普图书中增加动手方法的传授、辅导、示意图等。宜家公司的许多产品装配说明书全是图示，没有文字，既直观又生动，同时也便于不同国家、不同民族、不同语言文字的用户使用，其产品畅销世界，这一做法值得科普创作者学习、借鉴。

（四）科技成果转化科普作品

优秀科普作品的缺少与目前流行的快餐式的创作速度也不无关系。科研、工作、生活节奏的加快，导致许多人的时间"碎片化"，难以拿出完整的时间从事艰苦的科普创作工作。

单纯的科普作品，有时难以吸引读者的兴趣和注意，为此，可以尝试在文艺作品中植入技术要素，间接开展科普。例如，为了增加植物、动物类儿童图书的直观性，可以在图书中适当加入一些植物的树叶，动物的毛发等，便于儿童直接辨别、触摸，增加直观感受。国内外一些科普图书推出了折叠插页，供读者动手制作，极大地激发了小读者们的兴趣。又如，推出电子版，附上二维码，扫描后可以延伸阅读，也是颇受读者欢迎的方法。

国家科技计划项目要注重科普资源的开发，并将科技成果面向广大公众的传播与扩散等相关科普活动，作为科技计划项目实施的目标和任务之一。对于非涉密的基础研究、前沿技术及其他公众关注的国家科技计划项目，其承担单位有责任和义务及时向公众发布成果信息和传播知识。为此，各级科技计划项目主管部门应该加快推进相关工作，将之作为科技计划项目承担者的项目内容，纳入项目验收考核的内容之一。一些部门和地方也开始作出相应的规定，国家科技计划项目承担者从事科普作品创作，将有望极大地丰富科普作品的产出。国家科技计划改革后，新的科技计划项目也将强化对项目成果科普化的规定和要求。

（五）建立科普创作信息平台

集成国内外现有科普图书、期刊、挂图、音像制品、展教品、文艺作品以及相关科普信息，加快中国科普网、中国科普博览、中国数字科技馆等科普网站建设，建立数字化科普信息资源和共享机制，为社会和公众提供资源支持和公共科普服务。建设国家科普专家库和资源库，为公众普遍关心的科普问题提供技术支撑，释疑解惑。科普作品创作方式很多，需求是重要的诱因。除了一般性科普作品，可以根据不同读者群的特殊需求，针对性地创作出版定制版的科普图书（含多媒体版）。问题导向也是重要的创作驱动要素，特别是当科学事件或地震、洪灾等突发灾害发生时，应及时出版相应的科普小册子或微信版。优秀的科普作品源自作者的深入研究和长期积累，只有当作者对某一问题有深入研究和积累时，创作才会成为水到渠成的事。一些非正式的聊天、朋友间的交谈和交流、不经意间的建议，有时也是激发创作的动因。孩子对科学技术知识的好奇，往往促使许多父母开始创作科普作品。意大利作家强奇说："几年前女儿问我拉链的发明者是谁，于是我开始探寻生活中小发明背后的故事，并集结成这两册书《哦，有了！：改变人类生活的 100 位发明家和 100 项发明》《哇，找到啦 !：改变人类生活的 100 项发明》。从那时开始，我便萌生了一股热情，想要发掘出创造了这个现代世界的发明者的故事。"[1] 工作和职业需求也促使许多企业和个人创作科普作品。为此，科普管理机构和科普作家协会等应为作者提供非正式交流平台，举办科学咖啡馆、科普沙龙、科普读书汇等有趣的活动，鼓励不同作者和科技人员、科普工作者交流，激发科普爱好者兴趣，针对需求和问题策划科普作品选题，为科普作品构想提供建议。

目前，作者、出版社对科普作品的创作和出版等相关信息仍处于不对称状态，同质化现象突出。应借助网络传播速度快、读者众多、阅读

1　强奇 . 哦，有了！：改变人类生活的 100 位发明家和 100 项发明 [M]. 北京：科学技术文献出版社，2013.

方便、互动交流多等特点，建立科普作品网络信息发布新平台，提前发布作者正在创作、出版社即将出版相关科普图书的信息。当然必要的重复是有益的，有助于提高创作出版水平，形成竞争势态。在手机成为读者获取信息最主要来源的今天，创作者、出版社和各类传媒机构，必须重视电子版、微信版、微视频版科普作品的创作、出版和传播，抢占先机，赢得市场。

综合类报纸、期刊、电视、广播、互联网等大众媒体要设立科普类专题、专栏、专版或频道，增加播出时间、版面，提高质量和水平。要逐步提高编创水平，打造精品科普栏目，满足广大公众不同层次和形式的需求。建立以社会效益为主的科普类节目收视评价体系，积极推进广播电视节目制作、播出分离的改革，推动科普节目制作社会化，丰富节目来源。发挥网络等新兴媒体的科技传播作用，打造和扶持一批富有特色的、高水平的科普网站或栏目。拓展科普出版物的发行渠道，大力扶持科普出版物在农村、西部和少数民族地区的发行工作。采用市场机制与政府支持相结合的手段，推出一批科普影视作品、精品专题栏目和动漫作品。

第七章

科普基础资源

科普资源是一切可以直接或经过开发后间接为科普活动提供价值的资源，它是科普活动的基础，主要包括科技馆、科学中心、科技类博物馆、青少年科技活动中心、各类科普基地等场所，以及科普展品、互动体验设备及用于展示的科学仪器设备，还有其他旧仪器、设备等。科普资源是普及科学知识、提升公民科学素养的重要资源。

第一节　科普场馆资源

科普场馆是科普基础设施的重中之重，它是科普基础设施的主要代表，也是公众参加科普活动的主要场所。许多著名科学家，乃至诺贝尔奖获得者在回顾其如何走上科研道路时，常常提到学生时代参观科技馆对自己的影响。它不仅可以激发青少年的科学兴趣，提高公众的科学素质，还可以促进科技与文化的融合。

（一）综合科普场馆

中共中央、国务院高度重视科普基础设施建设，要求各级政府要对科普设施建设予以优先重视，并根据经济、社会发展的需要和可能，将其纳入有关规划和计划。各地应把科普设施，特别是场馆建设纳入各地的市政、文化建设规划，作为建设现代文明城市的主要标志之一。当前，主要是把现有场馆设施改造和利用好，充分发挥其效益。各省、自治区、直辖市，特别是经济较发达地区，应该尽可能地创造条件，对现有的科普设施进行改造，使之逐步完善。

《科技进步法》《科普法》中将科普设施建设纳入国家国民经济和社会发展规划。《国家国民经济和社会发展规划纲要》中明确了加强科普基础设施建设的内容。《国家中长期科学和技术发展规划纲要》及《"十四五"

国家科学技术普及发展规划》中明确加强科普基础设施建设。《国家科普发展规划》中将科普基础设施建设作为重要内容。在国家特色科普基地建设中，将建设科普场馆作为国家特色科普基地的重要指标之一。

1. 推进科普场馆建设

据科技部发布的统计数据，2022 年全国科技馆和科学技术类博物馆1683 个，比 2021 年增加 6 个；展厅面积 622.44 万平方米，比 2021 年增加 0.19%。其中，科技馆 694 个，科学技术类博物馆 989 个。全国范围内城市社区科普（技）专用活动室 4.87 万个，农村科普（技）活动场地16.69 万个，青少年科技馆站 569 个，科普宣传专用车 1118 辆，流动科技馆站 1330 个，科普宣传专栏 25.96 万个。

根据提高中国公众科学素质的需要和经济社会发展的实际，在科学论证的基础上，制定科普基础设施发展规划和科学技术馆建设标准，明确科普设施的发展目标、功能定位、分布、规模和建设方式等，加强对各类科普基础设施建设的规范和指导。通过新建、改建和扩建等方式，建设一批布局合理、管理科学、运行规范、符合需求的科普场馆。

2. 建设基层科普场所

加强西部地区和少数民族地区科普场馆建设。鼓励企业、社会团体和非营利组织等社会力量建设专业科普场馆，同时推动科研机构、大学建立定期向公众开放的制度，开展科普活动。建立科普场馆开放、流动、协作的运行机制，构建科普资源创新和共享平台，形成综合性场馆和专业性场馆优势互补、协同发展的良好格局。在县文化馆、图书馆和乡镇文化站、广播站、农家书屋、中小学校、农村党员干部现代远程教育接收站点等基层公共设施建设中，增加和完善科普功能。通过开辟乡村科普活动站、科普宣传栏，配备科普大篷车等多种方式，强化农村专业化科普设施建设，为提高农民科学文化素质、建立健康文明的生产生活式服务。将城市社区科普设施纳入城市建设和发展总体规划，将科普工作纳入社区工作的重要内容，通过设立社区科普活动场所，举办科普讲座、展览、培训、竞赛等多种活动，满足社区居民的科普需求。将社区科普设施建设和开展科普活动情况作为文明社区评选的重要条件之一。

（二）特色科普场馆

1. 明确建设目标

建设科普场馆需要明确场馆的建设目标，如提供科普活动场所、提高公众的科学素质、促进科技与文化的融合、推动科技成果的转化等。只有明确了目标，才能有针对性地进行场馆规划和设计。

2. 科学规划设计

科普场馆的规划和设计需要充分考虑其功能和特点，要满足不同年龄层次、不同知识背景的观众的需求。同时，还需要注重场馆的美观性和实用性，使其成为具有吸引力的文化设施。

3. 丰富展示内容

科普场馆的展示内容应该多样化，除了传统的展板、模型等静态展示外，可以采用多媒体、互动体验等技术手段，使展示内容更加生动、形象。同时，还需要注重内容的科学性和准确性，避免误导观众。

4. 加强互动体验

科普场馆应该注重观众的互动体验，通过设置互动环节、开展科普活动等方式，使观众能够亲身参与、亲身体验。这不仅可以增强观众的科学兴趣，还可以提高科普场馆的吸引力。

5. 完善服务设施

科普场馆应该完善服务设施，包括导览系统、休息区、餐饮区、购物区等，为观众提供便捷、舒适的服务。同时，还需要注重设施的环保和节能，使其符合现代社会的可持续发展要求。

6. 建设特色专业场馆

发挥部门资源和专业优势，建设一批植物、动物、农业、工业等特色科普场馆。在公园、车站、机场、码头、商场、医院等建立小型科技馆。

（三）流动科普场馆

中国作为世界上最大的发展中国家，经济发展不均衡，城乡差距、区域差距较大，科普场馆建设也是如此。科普场馆和大型现代化科技场馆主要集中在大城市、东部地区，西部地区、边疆地区、少数民族地区科普场馆较少、展厅面积小，难以满足公众需要。在财力有限的情况下，建设流动科普场馆，或者将大城市的科普设施流动展示，是一个有效的过渡措施。中国科协最早建立了科普大篷车用于流动展示，深受农村地区欢迎，目前大篷车数量达到1000多辆。北京天文馆、国家自然博物馆、中国消防博物馆等纷纷购置了流动科技馆。中国科学院购置了科学快车，开展流动科普活动，丰富了中国科普资源。

1. 科普大篷车

"科普大篷车"由中国科学技术协会研制生产，目的在于向偏远地区开展科学技术普及、科学技术咨询，举办科普展览。科普大篷车具有车载科普展品展示教育、展板宣传教育、科学技术影视片播放教育、赠送科普资料书籍、流动科普宣传舞台五项功能，于 2001 年 1 月投入使用。

面向农村的科普活动则更加强调实用技术的传播。自 1996 年以来，各地在每年的春冬季节，广泛开展文化、科技、卫生三下乡活动，先后组织了 1000 多万名科技人员下乡，帮助农村干部群众提高文化科技素质。

2. 流动科技馆

中国流动科技馆是中国科协为推动全国科普公共服务公平普惠，促进全民科学素质提升而建设多年的一个科学传播公益品牌项目，诞生于 2011 年，由中国科技馆负责具体实施。中国流动科技馆以模块化设计的科技馆展品和活动为载体，以巡回展出的方式，将展览资源送到尚未建设科技馆的县域地区，为基层公众特别是青少年提供免费的科学教育服务，是中国科协"接长手臂、服务基层"的重要载体。

中国流动科技馆有效弥补了基层科普教育资源发展不充分不平衡的现状，提升了基层科普服务能力和水平，对提升中国基层公众科学素质，服务地方经济社会发展起到了推动作用。2018 年 6 月，中国流动科技馆首次走出国门，已在缅甸、柬埔寨、俄罗斯开展国际巡展。

据中国科学技术馆官网信息，截至 2022 年 6 月，全国共配发展览资源 612 套，巡展 4944 站，为全国近 2000 个县的 1.53 亿县域公众提供了科学教育服务，广受公众好评和喜爱，得到社会各界认可。

第二节　科普展教资源

　　科普展教资源是科普场馆的核心，加强科普展教资源建设是保持科普场馆生命力的关键。中国科普展教品水平较低，与发达国家差距较大，应该加大科普展教品研发的支持。

（一）科技计划立项研发

　　近年来，中国在科技研发方面的投入持续增长，年研发投入已经达到了 3 万多亿元。然而，科普投入却相对较少，年投入不足 200 亿元。这种状况表明，中国科普事业的发展还有很大的提升空间。为了更好地推动科普事业的发展，应该加大科普投入，特别是科普展品研发投入。

　　科普展品是科学教育的重要组成部分，是展示科学原理和科技应用的重要工具。加大科普展品研发投入，可以提高科普展品的类型和质量，更好地满足公众对科学知识的需求。同时，科普展品研发也是科技创新的重要领域之一。通过研发具有创新性的科普展品，可以推动科技创新和科技进步，提高国家的综合实力。

　　北京市、上海市、广东省作为中国的经济和文化中心，具有丰富的科技和人才资源，应该在这方面起到带头作用。具体来说，北京市、上海市、广东省应该在科技计划项目中增加科普展品研发项目的比例。加大科普展品的研发投入。可以设立科普展品研发专项资金，为科普展品研发提供稳定的资金来源。同时，可以制定相应的政策措施，引导企业和社会的参与，扩大科普展品的研发力量和资源来源，加强与科研机构和高校的合作。北京市、上海市、广东省拥有众多科研机构和高校，通过加强与这些机构的合作，可以共同推进科普展品的研发和创新，提高科普展品的科技含量和创新性。同时，还需建立科普展品评价体系和推广机制。

1. 开发科普展品满足公众科技需求

随着社会的发展和科技的进步，公众对科学知识的需求也越来越高。开发更多科普展品，可以让公众更加深入地了解科技的发展和运用，满足他们对科学知识的需求。地方政府积极引导科研机构、高校等单位参与科普展品研发，提供技术支持。通过与专业机构合作，解决技术瓶颈问题，提升科普展品的科技含量。政府可以设立合作项目，引导科研机构和高校参与科普展品的研发工作，共同推进科技成果向科普产品的转化。此外，政府还可以设立科普展品研发奖励，鼓励科研人员积极参与科普展品的研发，提高科普展品的科技含量和创新性。

2. 开放科技设施培育创新文化环境

科技创新和科技进步是经济发展的重要动力，也是国家竞争力的体现。省区市所属的科研机构作为科技创新和发展的重要平台，不仅拥有先进的科技设备和仪器，还汇聚了一大批科技人才。通过开放这些设施，可以促进公众了解科技，支持科技创新。地方政府支持科普展品研发的方式包括直接拨款、立项支持、项目补贴等，为科普展品研发提供了稳定的资金来源。政府建立科普展品评价体系和推广机制，确保研发出的科普展品具有科学性、教育性和创新性。评价体系应包括专家评审、公众评价等多个方面，确保评价结果的客观性和公正性。同时，政府建立科普展品推广平台，将优秀的科普展品进行展示和推广，提高公众对科学知识的认知和理解。

3. 引入人工智能提高科普展示效果

科普展品作为科学教育的重要载体，其研发与推广对增强科普场馆能力具有重要意义。人工智能可以有效提高科普效果，借助人工智能开发新型科普展项，可以大大提高科普展示效果。

4. 科学策划提高科普活动质量效果

结合科技设施的特点和优势，开展多样化的科普活动，如科技展览、科普讲座、科技体验等，吸引不同年龄层次的公众参与其中。同时，需要注重科普活动的互动性和趣味性，让公众在参与中感受到科学的魅力和乐趣。政府可以加强科普宣传和教育，提高公众对科普展品的认知度和接受度。例如，政府可以在公共场所设立科普宣传栏，向公众介绍科普展品的内容和特点；鼓励学校、社区等单位开展科学教育活动，引导公众积极参与科普学习。省区市政府可以与科研机构、高校和企业等加强合作，共同推动科技设施的开放和科普活动的开展。通过合作，可以充分发挥各方优势和资源，形成优势互补和协同发展的良好格局。同时，可以加强科普人才的培训和引进，提高科普工作队伍的素质和能力，为科普事业的发展提供坚实的人才保障。

综上所述，开放科技设施开展科普活动是一项具有重要意义的工作。通过开放科技设施，可以满足公众对科学知识的需求，推动科技创新和科技进步。因此，政府应加强科技设施的开放和管理，加强科普活动的策划和组织，与各方加强合作，共同推动科普事业的发展。总之，政府科技计划项目立项支持科普展品研发是推动科普事业发展的重要措施。通过设立专项资金、引导企业和社会的参与、加强与科研机构和高校的合作、建立科普展品评价体系和推广机制，以及加强科普宣传和教育等措施的实施，进一步推动科普展品研发的创新和发展，充分发挥科普场馆的功能和作用。

（二）社会力量支持资助

动员社会力量，支持各类科普场馆建设，是丰富和加强科普展览资源建设的重要途径。

1. 社会力量建设场馆

除了政府投资外，还应积极引导社会力量支持科普场馆建设。例如，鼓励企业、社会组织和个人捐赠或投资科普场馆建设，对于这些捐赠和投资，应该给予适当的政策优惠或荣誉奖励。通过开展科普公益活动等方式，吸引社会力量参与科普场馆的建设和运营。

2. 基层科普场馆建设

社区、自然村等是科普工作的基层单位，可以根据自身的特点和需求，建设具有地方特色的科普活动中心。同时，可以结合区域内的资源，如图书馆、学校、医疗机构等，增建科普设施，共同开展科普活动。

3. 数字科普场馆建设

随着信息技术的发展，数字化已经成为科普场馆发展的重要趋势。

数字化科普场馆的建设可以提高科普场馆的互动性和参与性，同时提高科普场馆的覆盖面。例如，可以通过开发手机应用程序、建立网络科普平台等方式，将科普场馆的资源和活动向更广泛的人群推广。

4.科普场馆国际合作

随着全球化的加速，科普场馆的国际化建设也变得越来越重要。通过引进国际先进的科普理念、技术和资源，可以提高中国科普场馆的整体水平，同时也有助于推动中国的科普工作与国际接轨。例如，可以与国际知名科普机构开展合作交流、举办国际性的科普活动等。

5.场馆人才队伍建设

人才队伍建设是科普场馆持续发展的关键。应该注重培养具备专业素养、创新能力和奉献精神的科普人才，建立健全人才引进和激励机制，开设科学传播职称系列，为科普人才提供发展空间和上升通道。

建设科普场馆需要全社会的共同参与和努力。只有通过多方面的合作和支持，才能够推动中国科普事业不断向前发展。

第三节　科技设施资源

在国家财力有限的情况下，要鼓励科技基础设施、实验室等增加科普展示功能，面向社会开放，开展科普活动。这一措施既丰富了科普资源，又满足了公众对科技的迫切需求。随着科技的飞速发展，国家科技实验设施作为科技创新的重要载体，其开放程度对推动科技进步和满足公众科学需求具有重要意义。

国家科技实验设施汇聚了大量尖端科技资源，开放这些设施，能够吸引更多的科研人员和企业利用这些资源开展科技创新活动，推动科技进步。公众科学素养是国家科技创新的重要基础，开放国家科技实验设施，可以让公众近距离接触科技实验，提高对科学的兴趣和理解。通过开放国家科技实验设施，还可以实现资源的共享和优化配置，避免重复建设和浪费。

目前，国家科技实验设施的开放程度不一，部分设施未能充分向社会开放，影响了资源的有效利用。在开放过程中，由于缺乏完善的管理制度，设施存在使用效率低下、资源浪费等问题。

（一）开放国家科技基础设施

1. 强化政策支持

政府应加大政策支持，向公众普及科学知识、传播科学思想和方法。建议政府制定统一的国家科技实验设施开放标准，明确开放范围、方式及管理要求，确保资源的有效利用。

2. 完善管理制度

建立健全的管理制度，包括预约制度、使用规范等，确保设施使用的有序和高效。同时，设立专门的管理机构或委托第三方机构进行监督和评估。

3. 加强安全保障

在开放过程中，应加强安全保障措施，如设置门禁系统、应急照明、紧急通道、配置消防设备、防烟面罩等，加强安保巡查，确保设施安全和公众安全。

4. 鼓励社会参与

通过设立奖励机制、提供政策支持等方式，鼓励企业、高校、科研机构等社会力量参与国家科技实验设施的开放工作，形成多元化、社会化的开放格局。

5. 强化国际合作

加强与国际先进科技实验设施的交流与合作，引进国外先进的开放理念和管理经验，提高中国科研机构、科技设施开放水平和服务能力。

科学技术部基础司每年发文，要求国家重点实验室等每年科技活动周期间必须向社会开放，开展科普活动，并将开放和开展科普活动情况书面报告科学技术部基础司。

（二）开放院所大学实验设施

科学技术部、中央宣传部、国家发展和改革委员会、教育部、财政部、中国科协、中国科学院于 2006 年 11 月 13 日印发《关于科研机构和大学向社会开放开展科普活动的若干意见》。为实施《国家中长期科学和技术发展规划纲要（2006—2020 年）》和《全民科学素质行动计划纲要（2006—2010—2020 年）》，营造激励自主创新环境，努力建设创新型国家，根据《国务院关于实施〈国家中长期科学和技术发展规划纲要（2006—2020 年）〉若干配套政策的通知》，明确应充分发挥科研机构和大学在科普事业发展中的重要作用，进一步建立健全科研机构和大学面向社会开放、开展科普活动的有效制度。

科研机构和大学利用科研设施、场所等科技资源向社会开放开展科普活动，让科技进步惠及广大公众，是其重要社会责任和义务，有利于提升中国科普能力，增强公众创新意识，营造创新的社会氛围，提高公众科学素质，培养科技后备人才，对加快我国科技事业发展，增强自主创新能力具有十分重要的意义。科研机构和大学，是指由各级政府举办的各类从事自然科学、工程科学与技术研究的单位和相关高等院校。开放范围包括科研机构和大学中的实验室、工程中心、技术中心、野外站（台）等研究实验基地；各类仪器中心、分析测试中心、自然科技资源库（馆）、科学数据中心（网）、科技文献中心（网）、科技信息服务中心（网）等科研基础设施；非涉密的科研仪器设施、实验和观测场所；科技类博物馆、标本馆、陈列馆、天文台（馆、站）和植物园等。

1. 坚持社会公益原则

不以营利为目的，突出社会效益。开放活动要充分体现实践性、体验性、参与性和实效性，采取喜闻乐见、深入浅出的方式，使公众通过参观科研过程、参与科研实践和探讨科技问题等活动，增进对科学技术的兴趣和理解，提升其使用科技手段分析和解决问题的能力。

2. 制定具体开放办法

实施开放的科研机构和大学（以下简称"开放单位"）要制定科研场所和设施向社会开放的管理办法，明确责任分工和条件保障。要将向社会开放作为一项工作制度，纳入工作规划和年度计划。要整合优势资源，为开放提供资金支持和条件保障。要充分利用各种学术交流活动，开展科普宣传，使公众及时了解国内外科技最新进展。

3. 设立专业人员队伍

逐步设立科普工作岗位，纳入专业技术岗位范围管理。要完善业绩考核办法，将科研人员和教师参与开放的工作量视同科研和教学工作量，作为科研人员和教师职称评定、岗位聘任和工作绩效评价的重要依据。鼓励科研人员、教师、研究生和大学生以志愿者的身份参与开放工作。要加强对从事开放工作人员的业务培训，不断提升其科普作品的创作能力、讲解演示能力等，有效满足公众多层次、多样化的需求。

4. 开放时间相对固定

开放单位每年向社会开放的时间应相对固定。全国范围内的重大群众性科技活动期间，应实施开放。开放单位要积极创造条件，逐步增加开放时间，每年开放时间一般不少于 15 天。鼓励有条件的单位实行长期开放。开放单位应通过制作科普图册、张贴图片、摆设展板、制作科研成果的科普模型和示意展品，发放科普创作图书等多种形式，进一步强化展示手段。要通过建立宣传网站、与新闻媒体联合制作宣传节目等多种形式，加强宣传工作。要加强与教育部门、城市社区以及其他单位和组织的协调工作，结合自身科研工作特色，开展内容丰富的科普宣传活动。要加强开放期间的涉密管理和安全保卫工作。鼓励开放单位设立面向公众的专门科普场所。在进行新建、扩建和改建等工程项目时，要根据面向社会开放，开展科普活动的实际需要，经相关部门批准后将相应的科普设施和场所建设纳入基本建设计划。开放单位在承担国家科技计划项目过程中，要注重科普资源的开发，并将科技成果及知识的传播与扩散等相关科普活动作为科技计划的目标和任务之一。对非涉密的基础研究、前沿技术及其他易于开展科普活动的国家科技计划项目，在有效保护知识产权的前提下，项目承担单位有义务及时向公众发布成果信息和传播知识，并应将其作为项目立项和验收考核目标之一。

大学作为知识的殿堂和创新的摇篮，一直承载着培养人才、研究科学、服务社会的重要使命。而科技实验设施，作为大学开展科研活动的基础，是大学履行其职责的重要保障。因此，大学应该积极面向社会开放，利用其丰富的科技实验设施开展科普活动。

开放科技实验设施有助于促进产学研一体化发展。大学在科学研究方面具有较高的水平和实力，而科技实验设施是其开展科研活动的基础。通过开放这些设施，可以促进高校与企业和科研机构之间的合作，实现资源共享和优势互补。这不仅可以提高科研成果的转化率，推动产业升级和创新发展，还可以为高校带来更多的科研项目和资金支持。

开放科技实验设施还有助于提升大学的国际影响力。随着全球化的深入发展，高等教育国际化已经成为一种趋势。大学应该积极参与国际交流与合作，提升自身的国际影响力和竞争力。通过开放科技实验设施，可以吸引更多的国际学者和学生前来交流合作，推动大学的国际化进程。

（三）开放地方各类科技设施

中国地方政府、科研机构、大学、企业同样拥有丰富的科技基础和科学实验设施，开放地方科研设施、充实科普资源方面，需要从多个维度进行。

1. 制定支持科研设施开放政策

科学技术部、中宣部、国家发展和改革委员会、教育部、财政部、中国科协、中国科学院联合发布的《关于科研机构和大学向社会开放开展科普活动的若干意见》（下文简称《意见》）指出，科研机构和大学将科研设施、场所等科技资源向社会开放开展科普活动，是将科技进步惠及广大公众的行为。有利于提升我国科普能力，增强公众创新意识，提高公众科学素质，营造创新的社会氛围，培养科技后备人才。同时，对于加快科技事业发展，增强自主创新能力具有十分重要的意义。科研机构和大学向社会开放要坚持公益性原则，突出社会效益。

《意见》明确了"十一五"期间推动开放工作各阶段的目标，并要求开放单位加强相关人员队伍建设。此外，《意见》还规定开放单位每年向社会开放的时间应相对固定，并鼓励开放单位设立面向公众的专门科普场所。

2. 科研机构积极参与科普工作

科研机构拥有丰富的科学资源和科研设施，可以为公众提供直观的科学体验和认知。科研机构可以通过举办科普讲座、科学展览、科普夏令营等形式，向公众普及科学知识，提高公众的科学素养。培养一支具备科学素养、热爱科普事业的科普人才队伍，是推动地方科研设施开放、充实科普资源的关键。可以通过加强科普人员的培训和教育，提高科普人才的专业水平和创新能力，打造一支高素质的科普人才队伍。

3. 鼓励社会力量充实科普资源

社会力量是科普资源建设的重要补充，可以弥补政府和科研机构的不足之处。例如，鼓励企业、社会组织和个人参与科普资源建设，提供资金、技术和服务支持，共同推动科普事业的发展。

4. 科研设施同时发挥科普功能

通过建立科研设施的信息化平台，可以实现科研设施的远程使用和在线预约，方便公众获取科研资源。同时，网络化建设还可以为科普资源的传播提供更加便捷的渠道，扩大科普资源的影响力。

5. 创新充实科普活动形式内容

在科普资源的建设中，需要注重科普形式的多样化和内容的丰富性。可以通过引入虚拟现实、增强现实等先进技术，打造互动性强、体验感好的科普产品和服务。同时，注重科普内容的科学性、准确性和趣味性，提高公众对科普活动的参与度和满意度。

开放地方科研设施、充实科普资源是一个系统性工程，需要政府、科研机构、社会力量等多方面的共同努力。只有通过深入推进改革和创新，才能实现科研设施的开放共享和科普资源的不断充实。

（四）满足公众科普需求变化

1. 个性化与多元化

随着科技的发展和生活水平的提高，公众对科技馆的需求也越来越个性化和多元化。他们希望科技馆不仅提供基础的科学教育，还有多种多样的互动和体验项目，以满足不同年龄、兴趣和知识水平的观众需求。

2. 数字化和互动性

数字化技术的进步为科技馆提供了更多的展示方式和互动体验。公众对科技馆的需求已经不再局限于传统的静态展示，而是需要更多的数字化展示和互动体验，如虚拟现实、增强现实等。

3. 交流性及合作化

随着全球化进程加速发展，公众对科技馆的国际化水平和交流合作能力也提出了更高的要求。他们希望科技馆能够引进更多的国际先进科技和科普资源，提高自身的国际化水平和交流合作能力。

为了满足这些变化的需求，科技馆需要不断创新和完善，提高自身的服务水平和质量，以吸引更多的观众并满足他们的需求。顺应科普场馆发展趋势，创新科普展品互动体验。

第四节 科普基地资源

　　建设并命名科普基地，是丰富科普基础设施的有效举措，可以缓解中国科普场馆不足的困境，满足公众对科普场馆多样性的需求。目前，发达国家平均 50 万人拥有一个科普场馆，而我国约 80 万人拥有一个科普场馆。在短期内，国家财力难以建设大批科普场馆，采取多种方式建设和命名一批科普基地，既能充实中国科普基础设施，又能发挥科技设施和其他设施的科普功能，可谓是一举多得。

（一）全国青少年科技教育基地

　　科学技术部、中央宣传部、教育部、中国科协分两批命名了 200 家全国青少年科技教育基地。

详细内容扫码查看

（二）国家科普示范基地

　　（1）2016 年 9 月 19 日，科学技术部命名贵州省依托国家重大科技基础设施建设项目——500 米口径球面射电望远镜建设"国家科普示范基地（FAST）"。

　　（2）2021 年，科学技术部、国家体育总局批准由融侨集团、福建省林文镜慈善基金会捐赠冠名的冰雪运动体验区为国家（冰雪运动）科普示范基地，该基地设置 VR 设备等体验装置，融文化、体育、科普为一体，成为向世界展示冬奥科技成就的重要窗口。

（三）国家特色科普基地

1. 国家生态环境科普基地

生态环境部会同科学技术部共同命名国家生态环境科普基地，作为国家特色科普基地。截至 2022 年 6 月，已经命名 7 批 103 个。

详细内容扫码查看

2. 国家自然资源科普基地

根据《国土资源部 科学技术部关于命名国家国土资源科普基地的通知》（国土资发〔2017〕106 号），2021 年原国土资源部、科学技术部共同命名了 32 个国家国土资源科普基地。后来，经专家评估，自然资源部和科学技术部

详细内容扫码查看

审定，32 个国家国土资源科普基地更名为国家自然资源科普基地。2023 年，自然资源部、科学技术部命名了第二批 50 个国家自然资源科普基地。国家自然资源科普基地切实发挥示范引领作用，不断加强科普能力建设，创新科普方式方法，提升科普服务能力，更好普及自然资源科学知识，宣传生态文明理念，为提高自然资源科学素养，提升自然资源公众认知度作出新的更大贡献。

3. 国家科研科普基地

2015 年开始，中国科学院、科学技术部命名了一批国家科研科普

基地：

（1）中国科学院西双版纳热带植物园

（2）国家动物博物馆

（3）中国科学院国家天文台

（4）中国科学院植物所

（5）中国科学报社

（6）中国科学院华南植物园

（7）中国科学院上海光学精密机械研究所

4. 国家气象科普基地

2021年1月1日，中国气象局、科学技术部首批认定16个国家气象科普基地：

（1）中国气象科技展馆及系列专题科普展区

（2）北京市气象探测中心（北京市观象台）

（3）长治市气象科技馆

（4）上海气象博物馆（徐家汇观象台旧址）

（5）中国北极阁气象博物馆

（6）中国台风博物馆

（7）叶笃正气象科普馆

（8）济南市气象科普馆

（9）驻马店市气象科普馆

（10）涂长望陈列馆

（11）东莞市气象天文科普馆

（12）重庆市铜梁区气象科普园

（13）嘉峪关市气象局雷达气象塔

（14）温泉县气象科普园

（15）厦门市青少年气象天文科普基地

（16）深圳市气象与天文科普园

5. 国家交通运输科普基地

详细内容扫码查看

2021 年 5 月，交通运输部、科学技术部联合发布了首批 10 个国家交通运输科普基地名单，发展科普基地是推动科普社会化、鼓励社会各界参与和支持科普工作的有效途径。按照《科学技术部 交通运输部关于建立"科交协同"工作机制的合作协议》和《交通运输部关于加强交通运输科学技术普及工作的指导意见》有关科普工作任务部署，2020 年 7 月，交通运输部和科学技术部出台了《国家交通运输科普基地管理办法》，启动了国家交通运输科普基地建设，并根据该管理办法按程序遴选确定了第二批 20 个国家交通运输科普基地。各科普基地积极整合内外部科技资源，发挥特色优势开展交通运输科普工作，为提升科普工作的质量效益，促进交通运输科技创新和科学技术普及工作协调发展，支撑加快建设交通强国和科技强国发挥引领示范作用。

6. 国家林草科普基地

详细内容扫码查看

2021 年 6 月，为贯彻落实习近平生态文明思想和习近平总书记关于科普工作重要指示精神，提升全民生态意识和科学素质，根据《国家林业和草原局科学技术部关于加强林业和草原科普工作的意见》（林科发〔2020〕29 号）要求，切实加强国家林草科普基地建设和管理，提高科普基地服务能力，推动林草科普工作高质量发展，制定了《国家林草科普基地管理办法》。

2023 年 5 月 30 日，国家林业和草原局、科学技术部命名了 57 个国家林草科普基地。

7.国家体育科普基地

2021 年 9 月，为贯彻落实习近平总书记关于科技创新和科学普及工作的重要论述，引导和规范国家体育科普基地建设和运行管理，促进体育科技创新和科学技术普及工作协调发展，支撑体育强国和科技强国建设，国家体育总局和科学技术部制定了《国家体育科普基地管理办法》。

2023 年 1 月 6 日，国家体育总局、科学技术部公布首批国家体育科普基地名单，共 58 个。

其他部门建设国家特色科普基地也在进行之中，以期充实和完善国家科普基地布局，大大丰富中国科普资源。

详细内容扫码查看

（四）全国科普教育基地

中国科协命名全国科普教育基地。2023 年，中国科协分两批命名了 1274 个全国科普教育基地。

全国性协会、学会命名的专业行业科普教育基地。地方政府部门命名的辖区内科普基地。地方科协命名的辖区内科普教育基地（具体名单略）。

详细内容扫码查看

第五节　开发科普资源

　　中国的科技投入有了较大增长，科技基础设施建设得到重视，为科研活动提供了有力支撑，为科技创新成果不断涌现奠定了深厚基础。然而，长期以来，科普工作处于谈起来重要，做起来次要，投入时缺少渠道的窘迫状态。科普场馆和科普设施的不足，难以满足公众日益增长的需求，导致中国科技发展处于高度重视科技创新，忽视弱化科技普及的一种失衡状态。

（一）科普资源总量不足配置失衡

1. 科普基础设施匮乏

　　经国务院批准，自 2003 年起国家实施科普税收优惠政策，这对科普单位的建设和展教品更新是一个有力的支撑，缓解了科普单位运行经费不足的窘迫状况。但是，门票收入虽然免征了营业税，总体上仍处于入不敷出的状况下，而大多数博物馆、科技馆目前实施免费开放。国外的博物馆、科技馆等除了政府经费补贴外，企业、社会团体和个人捐赠是重要的来源，其捐赠免税的政策是重要的原因之一。中国应针对国内科普场馆现状，继续实行向科普场馆捐赠免税政策。同时，为科普单位的发展开拓新的投资渠道。对于民间、私人、国外企业捐资建设的科普场馆，也应给予税收减免政策的支持，引导企业家及个人捐资兴建科普场馆。政府应对投资兴建科普场馆的企业、社会团体和个人予以表彰和奖励，授予荣誉市民称号。

欧美国家大多通过税收政策吸引企业、社会组织、个人来投资文化、科技场馆的建设，且大多采取基金会的运作模式。中国的情况有所不同，这方面的法规和政策尚不健全。虽然中国出现了一些民间、私人投资的科技馆，但相关政策执行得不好，缺少募集、筹措社会资金的科普经纪人队伍。大多数企业家尚缺乏资助科普的意识，捐助文化和科普等公益事业的人数不多。另外，中国缺少税收政策激励。中国对企业的研发费用实施了加计扣除政策，极大促进了企业的科研投入热情，全国增加了上千亿的研发投入。社会力量对科普的投入可否参照加计扣除政策执行，值得相关部门进行认真研究。国家已经决定延续科普单位、科普活动的门票收入免征营业税，进口科普影视作品播映权免征关税，不征进口环节增值税等优惠税收政策至 2027 年，并有望延续很长一段时间。

2. 科普资源配置失衡

随着公众对科普资源需求的日益提高，政府财政资金的快速增长，在中国大城市和发达地区科普资源建设开始加速，在科技馆、科学技术博物馆建设方面取得显著进展，尤其是经济实力强的城市。然而，中国少数民族地区、边远贫困地区科普资源短缺，尚无力建设小型科技馆或科技活动中心。中国科普资源在区域分布上相对失衡，东部资源明显多于中部和西部。

3. 科普展品研发薄弱

中国科普资源稀缺且发展不平衡，同时，科普展教品也成了科普场馆的短板，展教品陈旧、更新慢、易损坏。举办的科普活动形式单一，缺少吸引力。更多的是不同场馆展示相同和类似的展教品，往往多年得不到更新。与高新技术、社会热点问题、百姓普遍关心的科技事件相关的展教品少，互动性不足，难以吸引青少年的兴趣，科普展览与活动理念不适应公众需要。科普场馆展品缺乏自主研发能力，雷同或相似度高。科普场馆发挥作用的关键是科普展教品和科普活动。目前，除了中国科技馆、广东科学中心、上海科技馆、天津科技馆等少数场馆具备一定的科普产品研发能力，大部分科普场馆和科普基地科普展教品主要靠委托加工、购买，或从其他场馆借用、租用。

4. 科研设施开放不足

目前科普场馆运行和维护成本很高，基本实施低票价，甚至是免费开放，收入来源有限，需要政府补贴。科研机构和大学向社会开放开展科普活动是丰富科普资源的便捷途径，投入少、见效快、特色鲜明。然而，由于目前国家财政对科研机构、大学向社会开放从事科普活动没有补贴经费，许多科研机构和大学向社会开放带来的运行成本无处分摊，积极性不高，这主要与政策不配套有关。香港特区政府采取的根据年参观人数予以补贴的政策，可为内地相关政策制定提供借鉴。一方面，中国政府部门和科研机构、大学应更多地将科技工作重点和资金放在资助科技创新方面，大量的科技经费主要投入到了科研仪器与设备上。由于多头管理和监管不到位，出现了大量大型科研仪器与设备重复购买、科研仪器与装备不足与过剩并存、设备闲置率较高等问题，科技资源开发利用效率较低。另一方面，我国公民科学素质水平与发达国家相比，还有需要提高的地方，这与我国科普资源相对匮乏，以及我国科普资源开发利用理念与方式较为落后、过度集中在建新馆、主要靠政府投入有关。中国科技馆等场馆建筑面积很大，展区面积占比不高，大多数都不超过50%，闲置面积较大、展厅面积不规则，这与当初设计追求新、奇有关，也与缺少以最大限度提高展览面积、接待更多参观者的理念有关。

5. 服务意识意愿较低

科普场馆缺少特色，目前，中国开展的科学教育活动主要围绕展项资源进行，大多局限在展厅或场馆内开展。而国外科学中心（如澳大利亚）会开展系列化的、完善的外展项目，不仅为内陆及偏远地区带去丰富的科普活动，也充分整合各项资源达到了科普活动最优效果。美国博物馆不仅有专门为儿童设立的活动场所，还有为适合儿童心理配合展览内容而设计的游戏以及专为教师编写的教材，部分博物馆对学生免收门票。例如，加利福尼亚州科学中心的"人体工程"是生命世界展区中最壮观的展品，能够生动直观地告诉人们如何进行人体管理才能保持体内平衡。

科普资源国际合作处于较低水平。欧洲和美国的实验室对从业人员进行人性化的培训，实施严格的管理规范的做法我们应该认真借鉴。给每个相关人员都发一本安全教育手册，并要求必须通过网上考试。手册上针对紧急情况下如何求助，受伤时如何紧急处理，如何正确放置、运输、转移化学药品、气瓶等，以及有毒化学药品的危害和中毒表现等信息进行了详细描述。而我国科普场馆的管理规定往往只限于禁止事项和处罚措施等。我国科技馆事业的发展正处于从重数量增长到重质量提高的关键转型期，亟待吸收先进教育理念，提升自身展教能力。

（二）科技计划项目增加科普任务

中国已成为世界研发大国，政府财政科技投入增长迅速，每年立项的国家科技计划项目达数千项，一批优秀的科技人员在政府资金的支持下从事各类科技研发活动。由于资金预算制的实施，存在着一些项目资金用不完，只能买设备的现象。而中国科普资源匮乏的现状暂时很难通过大规模增加财政投入来解决，因此，研究制定国家科技计划项目增加科普任务的实施办法成为一种现实选择。政府科技和财政主管部门应对国家科技计划项目增加科普任务作出明确规定，在项目立项时增加科普任务条款，中期检查时同时查验科普任务实施情况，验收时考核科普作品完成情况，并作为验收的必要内容。同时，对国家科技计划项目增加科普任务产生的相关费用允许其从项目直接经费中列支，根据项目经费不同情况，额度可规定不超过 2%。

（三）改革科普资源建设投入机制

一方面，中央财政应加大对少数民族地区、边远贫困地区科普场馆建设的转移支付力度，尽快缩小其与城市和东部地区的差距。同时，应摒弃科技馆要建大馆的导向和标准，调整或修改标准，采取分类指导的原则，尤其是西部地区的中小城市，根据其财政收入水平，兼顾现实与可能，可以鼓励其建设 4000 平方米左右的科技馆，完全可以满足当地公众的基本需求。应由财政部规定 1%～2% 的经费支出比例摊入科技计划项目或课题经费，或由财政部单列科研机构、大学向社会开放补助经费，采取后补助或奖励的方式给那些向社会开放开展科普活动的机构和大学。另一方面，在中央和地方短期内难以大幅度增加科普资源建设投入的情况下，开发淘汰和强制报废的设备与物资、车辆的剩余功能，转入学校、科普基地、科普场馆用于科学技术普及，也成为一种有效途径，如每年淘汰的军用物资、装备就是开展国防科普的重要资源。

（四）公立科研机构开放科研设施

我国建立了完整的科研体系，拥有丰富的科研设施与装备，遍布大学、科研院所、企业的国家重点实验室，以及工程技术中心、技术开发中心等处，它们都是开展科普活动的重要资源，如其向社会开放，将极大地丰富中国科普资源，为向公众普及科技知识、弘扬科学精神、传播科学思想、倡导科学方法提供新的平台。下一步，国家相关部门应制定政策和措施鼓励企业向社会开放科技设施和生产线，普及相关科学技术知识，央企则应带头做出示范。政府应该通过补贴、奖励等的方式对向社会开放的科研机构和大学及企业予以鼓励和资助，并对科研机构和大学向社会开放科研设施开展专项检查工作。面向中小学生开放科研机构和大学要常态化，有助于提高科研机构和大学的社会形象，赢得公众对增加科研和教育投入的广泛支持。

（五）强化政府管理科普场馆职能

目前，我国科普基础设施总量小、分布不均，分属不同部门，这种状况导致科普场馆建设分布失衡，造成了重复建设、浪费与短缺并存等问题，与加强国家科普能力建设、政府统筹科普资源的初衷是不适应的，应该在科技体制改革中，理顺关系，纳入全面深化科技体制改革范畴。政府科技行政主管部门要与发展改革部门、建设部门、中国科协联合制定国家科普基础设施发展规划，确定今后科普基础设施建设重点任务和布局，充分发挥政府科普投入的引导作用。在科普场馆建设中，充分发挥政府部门的行业和领域优势，依托科研机构和大学，建设专业科技馆和特色科技馆，既服务科研、教学需求，又满足公众科普需求，从而最大限度地发挥政府投入的效益。同时，也解决了目前许多科技馆缺乏专业技术人才和展品研发能力的困境，获得持续发展的动力和能力。

（六）整合景区资源增建科普场馆

中国科普资源建设还应拓展思路，开发整合其他资源发挥科普功能作用。在旅游景点建设科普馆成为一种新趋势，在生态环境部和科学技术部开展的国家生态环境科普基地认定中，明确提出了建有科普馆的要求，已批准的国家生态环境科普基地（包括著名的自然保护区）均建有科普馆；在自然资源部与科学技术部开展的国家自然资源科普基地认定中，同样提出了建有科普馆的要求，目前已批准的国家自然资源科普基地（包括众多知名的世界地质公园、国家地质公园）无一例外地建有科普馆，在景区内也建设了科普标识牌，植入大量科普内容。交通运输部、中国气象局、国家林业和草原局等与科学技术部命名的国家特色科普基地中均提出建有科普馆的需求。

（七）科普绩效纳入科技评价指标

中国科普活动整体水平不高，公民科学素质低，与国外差距较大，从根本上说与中国缺少从科普绩效方面对科研机构、大学科技人员的考核有较大关系。对此，科研机构、大学应增强科普的意识，将之作为科技工作的一项重要任务与职责。政府主管部门要改革和完善科技评价指标体系，将科普活动绩效纳入科技人员评价考核指标之中，作为评定职称、申请科技项目、科技奖励的必要条件。将软任务变成硬约束，从而激发科技人员从事科普的积极性，这也有助于改善中国目前科普人员队伍专业化程度不高的现状，提高科普整体水平与效果。

第六节　新型科普场馆

科普场馆必须不断更新办馆理念，摒弃传统的图片、模型展示方式，秉承"寓教于乐，体验为主"的原则，丰富展览内容，创新展陈方式，加大互动体验、动手实验展项，提高科普场馆的凝聚力、吸引力，发挥科学普及大平台的作用。

（一）制定中国科普场馆规划

1. 场馆功能需要细分

科技馆建设已从追求量的增长到质、量并重阶段，需要加强科学布局，合理分工，细分功能。根据不同区域内科普基础设施资源状况和科技馆布局，结合区域资源、科技、产业优势进行长远规划。一般情况，大城市建有一个大型综合类科技馆、中等城市建设大型或中型特色科技馆。县（市、区、旗）最好建设专题类、小型科技馆，突出本地优势资源或产业、产品、藏品等。倡导各地建设功能各异的科技馆，分流参观者。

2. 控制场馆建筑规模

科技馆并不是越大越好，关键是要满足基本需求。世界上除了少数发达国家、国际知名大城市建有规模大的科技馆，一般的场馆规模也就是 3 万平方米，鲜见超过 5 万平方米，甚至 10 万平方米的科技馆，但是每年接待的参观者并不少。

3. 规范场馆外观设计

对科技馆的功能规划和外形设计应该制定规则，确定主要类型和不同标准，形成自身的特点，增加公众的辨识度。大致可分为以下类型。标准型：国家博物馆、国家自然博物馆、中国农业展览馆、四川科技馆、辽宁省科技馆等；现代型：上海科技馆、广东科学中心、北京天文馆新馆、上海自然博物馆、上海天文馆、河南科技馆新馆、安徽科技馆新馆、合肥科技馆新馆、湖南地质博物馆、成都自然博物馆等；传统型：中国园林博物馆等；混合型：中国科技馆、首都博物馆等。

4. 崇尚简约强化实用

科技馆建筑要实用、好用，一切服从和服务于展陈，提高使用效率。科技馆是用于展览的，不是供公众欣赏的建筑之美的，或满足某些人的不同审美情趣。所以科技馆应减少外部装饰，降低装修成本，控制办公等非展陈性面积占比，尽量提高展览面积，创新展示内容和展示手段。

5. 促进场馆适度集聚

上海市的科技馆布局值得其他城市借鉴。上海市采取先建成上海科技馆，然后建成上海自然博物馆、上海天文馆的顺序，并由上海科技馆对三馆进行一体化管理。吉林省建立了科技文化中心，包括长春中国光学科学技术馆、吉林省博物院、吉林省科技馆三个场馆，分别经营，统一物业服务。西藏自治区建设了西藏自然科学博物馆，设计为自然博物馆、科技馆、展览馆"三馆合一"的综合型博物馆，集展示与教育、科研与交流、收藏与制作、休闲与旅游于一体，成为将科技性、参与性、趣味性融为一体的科学教育及旅游观光基地。

6. 倡导改建废旧建筑

科技馆的关键是展品，利用废弃不用的厂房、仓库改造为科技馆是发达国家的常见做法，这是科普经费不足的城市，也是低成本建设科技馆的突破口。"享誉国际的美国旧金山探索馆，从 1969 年对公众开放直到 2013 年，44 年间一直在 1915 年世博会留下的两间旧仓库里展示科学。"[1] 对于中国的中小城市，完全可以借鉴这种模式，只需花费装修和展品费用，大大降低了建设成本，缩短了建设周期，短期内就可拥有科技馆。例如，广西柳州市的工业博物馆就是利用旧厂房改造的，简洁实用，展品丰富，成为柳州市对外展示的城市名片和国内知名的工业博物馆。

（二）创新现代科普场馆理念

科技馆是向公众普及科学技术基本知识的重要场所，应该具备基本的科学技术功能，发挥其应有的作用。

1. 展品务求真实再现

科技馆要开设跨越不同学科的分类展览，成为科学知识的摇篮。与侧重书本知识的教学方法相比，科技馆更加注重动手探索的能力。通过

1　张开逊. 中国科技馆事业的战略思考 [J]. 科普研究，2017, 12(1): 5-11，106.

举办一系列展示日常生活和国家发展的创新科学项目，在国家科技创新建设中扮演重要的角色。要鼓励展示老旧物品，让参观者了解科学发展的历程和产品创新的过程，研究实验设备更新的历程。科技馆不能全部靠委托设计、制造新展品，应该侧重展示产品的不断创新和变化过程，激发公众的创新兴趣。例如，韩国广播公司电视台（KBS）的展厅展出了不同时期的电视发射设备，给参观者留下了深刻印象。又如，北京汽车博物馆展示了各个时期的汽车，演绎了汽车科技创新过程，吸引了各地的汽车爱好者。再如，位于美国佛罗里达的梅里特岛的肯尼迪航天中心，是美国航空航天局（NASA）的重要基地。这里由工作区、发射中心、参观者中心组成，公众可以乘电瓶车随导游参观工作区及发射场，了解火箭发射背后的故事，还可以体验阿波罗11号起飞着陆的感受，各种展览也能让你了解美国的航空航天历史和相关知识。

2. 提高展厅面积占比

科技馆的大部分面积应该向公众开放，为展览、体验服务。在中国科技馆严重不足的现实情况下，按规定展厅面积不得低于科技馆总面积的60%。要严格控制办公面积占比。要鼓励科技馆多使用透明屋顶，多使用自然采光，降低能耗，使用节能设计和节能材料。对动手体验、互动展项比例作出最低规定，不得低于50%。对展品规定必须有不低于30%的旧展品、老物件、真实展品，降低仿制品、模型占比。降低科技馆闲置面积，避免场馆面积过多闲置，造成事实上的较大浪费，实现使用利用效率最优。许多科技馆的大厅空空如也（安全要求除外），只有屈指可数的参观者，空调等设备运行的电费却是惊人的高昂。

3. 注重应用高新科技

让看似静止的展品活起来、动起来，让高深专业的知识生动化、形象化，以满足参观者的深层需求。"迪士尼世界的成功与高科技支撑以及游客深度参与理念密切相关。"[1] 迪士尼的创始人沃尔特·迪士尼（Walt Disney）特别重视高科技对整个事业的促进作用，使游客本身成了游乐世界里的角色。

4. 展项名称规范一致

最好按学科或技术分类命名展厅，让参观者一目了然。切忌用哗众取宠的名称，令人费解，还需要猜测到底展出的是什么内容。为了避免参观者遗漏展项，鼓励科技馆在展项前加上数字，降低查找项目的难度。最好科学设计路线，不用走回头路，也有助于优化展厅秩序。考虑到外国参观者，展项可采取中英文。考虑到青少年和儿童是主要参观者、参与者，展示牌应做两套，分别是 1 米高、1.5 米高，方便其阅读。

（三）科普场馆增加研究功能

1. 增加展品研发人员

科技馆必须从传播型向研究与传播型并重转变。科技馆不能仅仅是介绍展品、藏品的场所，还应该研究科学技术发展史、动植物标本和矿物标本，收集整理重要的老旧科学仪器、设备、科学家使用过的物品等。例如，钱学森作为"两弹一星"功勋，他的各种用品等十分珍贵，2012年在国家博物馆进行过一次展示，最后收藏在上海交通大学钱学森图书

1　陈正洪，杨桂芳. 气象科普的"深度参与理论"[J]. 科普研究，2012, 7(4):37-40，93.

馆中。同样，国家最高科学技术奖获得者使用的物品都应该成为科技馆、科学技术类博物馆收藏的珍品。另外，中国科学院院士、中国工程院院士的许多研究器材也具有很高的价值，应该适时建立中国科学院院士陈列馆、中国工程院院士陈列馆。中国核工业总公司建设的中国核工业科技馆开了个好头，类似这样的特色科技馆应该多一些。

2. 提供公众实验项目

科技馆不仅要满足一般公众的参观需求，还应成为科学爱好者学习实验的重要平台。参观虽然能满足参观者的科学好奇心，但若要激发儿童对科学的兴趣，还需设置动手实验的项目。设置科学实验室，让儿童在科学老师的辅导下从事科学实验，其传播效果远远大于一般性参观。2015 年，在全国科技活动周主场展览中，主办单位邀请在北京化工大学工作的戴维教授在现场指导儿童做化学实验，成为现场人气爆棚的项目。2017 年，在北京天文馆、中国古动物馆举办的科学之夜活动：跟天文学家一起看夜空和跟古动物学家一起学习修复恐龙化石标本成为最受儿童欢迎的项目。

3. 创作制作科普作品

中国科技馆应该拥有自己的科普作家、科技影视制作者队伍，创作科普图书，制作科技影片、视频，满足公众需求，发挥科技馆的优势，增强自身创作和制作的能力。科技馆的穹幕影厅不能光靠引进播放国外影片，要着手制作科技影片，3D、4D 特效影片。科技馆加强与科普创作者、创作团队的合作，认真分析市场需求，创作制作科普图书、影视精品。目前，科技馆通常都有影院或特效影院，对科学影片需求很大，满足其需求可大大提高市场竞争力，也是增加科技馆收入的重要途径。

4. 增设科普讲解职称

科技馆真正的价值不是建筑物，而是其中的展品、藏品，而参观者想要真正了解展品、藏品的价值，讲解员发挥着不可或缺的作用。目前，科技馆讲解人员已从过去的高中毕业生升级为大学毕业生，有些大馆甚至要求是研究生。但是讲解员没有专业职能评定系列，严重挫伤了讲解员从事本行业的积极性。现在，这种不合理的规定开始扭转，许多地方增设科学讲解职称系列，为该行业从业人员敞开职业通道。应该根据中国科技馆讲解人员的实际状况，在职称系列中开辟科普（科技）讲解系列职称，从初级、中级到高级。同时，提倡参观者利用多媒体技术应用，通过手机扫描二维码，即可上网了解展项相关知识，收听或收看相关专业讲解，减少对讲解员的依赖。

（四）体验互动活动内容为主

1. 面向公众开展活动

中国开展群众性科普活动自新中国成立就开始了，从 2001 年起还先后推出了科技活动周、科普日、公众科学日、中国航天日等面向公众的科普活动，公众从中能获益良多。北京自然博物馆推出的"博物馆之夜"，上海科技馆、北京天文馆、中国古动物馆、内蒙古科技馆、西藏自然博物馆、国家动物博物馆、中国人民革命军事博物馆等推出的"科学之夜"活动，深受公众欢迎和喜爱，也成为媒体高度关注和密集报道的群众科普活动。这恰恰证明了形式新颖的活动社会需求很大，完全可以成为一个新的常规项目。

2. 激发儿童科学兴趣

人们的爱好兴趣更多是在儿童时期形成的，培养儿童的科学兴趣是科学教育的重要责任之一。将科普、休闲、娱乐融于一体的社会科技公益活动影响了一代又一代的孩子。早在 1799 年英国皇家学会就开始组织常规的科普活动，向孩子们讲述科学在英国早已是传统。其中，圣诞科学讲座最为知名，著名物理学家、化学家法拉第在 1826 年发起这项活动，希望孩子们能感受到科学的无穷乐趣，唤起他们对科学的热爱，已成为英国一种文化。有人问法拉第这样做究竟有什么意义，法拉第反问道："小孩子有什么用？他将来会长大成人的。"许多科学家回忆说，他们从事科学事业，与他们少年、童年时期参观科技馆有很大的关系。在霍金童年时期，母亲经常在周末把喜欢物理的他带到科学博物馆，把喜欢生物的妹妹留在自然博物馆。霍金回忆说，周末在那里玩一天，他的好奇心就会得到极大的满足。科技带来的奇妙的画面，会充分激发儿童的想象力。英国科学家马丁·埃文斯在去往剑桥大学的路上得知自己与美国同行分享了 2007 年的诺贝尔生理学或医学奖后，他说："这只不过是一个男孩的童年梦想罢了。"在中国科技馆、国家自然博物馆、中国古动物、北京汽车博物馆推出的小小科普讲解员活动中，被选出来的小学生往往是万里挑一。

3. 指导公众科学生活

应用科学指导公众生活，提高人们的生活质量，是促进公众关注科学的最好办法，也是科技馆面向公众科普的重要准则。科技馆要通过多种方式和手段，使公众认识科学的作用和价值，赢得人们对科学的尊重。要通过主要展品，特别是各种实物的展示来说明人类社会的进步，从根本上讲是科技创新的进步。科技使人类社会走向了文明，人民生活水平的不断提升，实际上是不断应用新的科学发现和技术发明的结果，新产品改变了人们的生活。

（五）加强科普场馆能力建设

1. 成立中国科普场馆联盟

中国的科技馆出于历史原因，目前分属于不同的部门，这充分调动了不同部门建设科技馆的积极性，促进了科技馆的加快建设、有效运行和持续发展。但这也有其不足之处，如不利于形成统一规划，协调不同场馆分担不同的功能，也难以场馆间合作开展相应的展品研发，从而导致科技馆展品研发动力不足，展品大同小异，重复率高。在体制机制难以短时间变化的现状下，尽快建立中国科技馆联盟，加强协调规划，推进合作研发，促进资源集成和展品共享，寻求 1+1 ＞ 2 的效果，方可共融共生，组合各自的优势。为了充分调动公众参观科技馆的积极性，可以考虑推行"中国科普场馆年票"，如每人一年 200 元，即可免费参观全国科技馆。考虑到科技馆非假期时段参观人数不多，可规定非重大假期有效，从而解决假期中国的科技馆人满为患的状况。为减缓科技馆假期参观人数过多的情况，票价也可根据平时和假期（法定节假日）实行浮动价格。中国的科技馆应该延长开放时间，推迟到 19—21 点结束。

2. 开拓自营收入渠道

设立科学咖啡馆等，售卖特色咖啡及印有展品图案的咖啡杯，特色点心如动物形状的饼干，具有本馆特色和 LOGO 的各类纪念品，实际上这也是世界上众多科技馆增加自营收入的途径。接受社会捐赠，特别是经费捐赠和实物捐赠，是增加科技馆收入或减少展品支出的重要方式。

从下表可知，世界各地科学技术类博物馆的收入来源都是多元化的，很少只依靠政府或公共资金。

表 7-1　世界各地科技博物馆收入来源及占比调查数据

地区	公共资金	私人资金	自营收入
北美洲	26%	24%	50%
拉美和加勒比地区	45%	11%	43%
欧洲和中东地区	49%	7%	43%
亚太地区	74%	5%	21%
所有地区	41%	15%	43%

3. 建立科普彩票基金

中国科技馆部分实行了免费开放，由财政补贴门票，这有助于更多的公众参观科技馆，让科普普惠公众。但是，这也对科技馆研发产品、开展活动增加营收，提高员工待遇带来了一定的影响。这方面可以借鉴国外的做法，通过发行专门的科技馆彩票予以补偿。英国的科普场所全部免费向公众开放，1600 多家大大小小的科技博物馆就像全天候的科普世界，而维护的所有费用都来自向全社会发行的彩票收益。

加强科普基础设施建设将成为各级政府的重要职责，中国的科技馆将拥有一次极好的发展机会。科技强国不仅是科技创新能力强，科普普及能力也必须强，建设一批世界一流的科技馆，应该是其中的重要内涵。中国的科技馆发展必须适应科技创新带来的新突破，在新时代抓住机会，创新求变，增强实力，迎接挑战，真正发挥科技馆在科普中的重要作用，为建设世界科技强国作出应有的贡献。

4. 改善人员知识结构

目前，大学、科研机构、企业、私人建立科技馆渐成趋势，特别是一些专业、特色科学技术类博物馆的出现，对传统科技馆产生了一定的影响。互联网技术的冲击，人工智能技术的广泛应用将深刻改变科技馆的运行模式及服务方式，科技馆面临着巨大的变革机会。一般性的讲解员将面临人工智能、生成式人工智能、讲解机器人的挑战，或许在不远的将来，许多讲解工作将由智能机器人完成，机器人演示、三维展示、3D 打印等新技术应用，将使科技馆产生难以预料的变化。为此，要加强对策研究和新知识、新技术、新设备的引进和培训，提高员工素质，拓展丰富展陈方式，推出新颖展项和活动，保持科技馆的持久吸引力。

第八章

组织科普活动

科普活动是指为了普及科学知识、弘扬科学精神、传播科学思想、倡导科学方法而组织的一系列教育、展示、互动或体验活动。科普活动是科普管理的重要内容，是开展科普工作的主要方式。组织科普活动旨在提高公众，特别是青少年群体的科学文化素养，通过寓教于乐的方式，激发他们的好奇心、想象力、探索欲，培养对科学的兴趣和热爱。科普活动形式多样，包括科普讲座、科普展览、科学实验、科普竞赛、科普演出、科普影视放映、科普游园会、科普进校园、科普进社区等。这些活动往往结合现代科技手段，如虚拟现实（VR）、增强现实（AR）、互动投影等，使科普内容更加生动、直观、有趣，增强了参与者的体验感和学习效果。科普活动可以促进科学知识的普及和传播，提高公众的科学素质，推动社会进步和文明发展，同时也是科学家与公众之间沟通的桥梁，有助于增进公众对科学的理解和信任，促进科学与社会的和谐发展。

第一节　国家重大科普活动

科普活动是开展科普的重要方式，因其简便易行、内容丰富、形式多样、老少皆宜，深受社会各界的欢迎和喜爱。欧美发达国家在开展科普活动方面历史悠久，积累了丰富经验，对中国组织开展科普活动产生了良好影响。

中国的大型科普活动包括科技活动周、科技节、科普日、科学之夜、科学嘉年华、大型科普展览、科技下乡等。同时，配合重大国际和国内节日，国家各科普有关单位还积极开展各种形式的科普活动，如世界水日、国际气象日、世界卫生日、世界环境日、世界地球日、国际博物馆日、世界粮食日、全国植树节、全国防灾减灾日、国家节能宣传周等。各有关单位举办各种活动，通过报纸、电台、电视、互联网等宣传工具，以科普知识竞赛、讲解、讲座或大型文艺演出的方式来宣传相应的科学知识。

（一）国家重大科技成就展

为了向公众普及科学知识，展示科技创新成果，科学技术部会同国家发展改革委、财政部、中央军委装备发展部，每五年举办一次全国重大科技创新成就展，汇集上一个五年规划的最新科技成果。这种国家最权威、最高规格的科技创新成就展意义重大，历届党和国家最高领导人均参观了展览。每五年一次的展示成为科普盛宴，往往一票难求。这种高层次的科普活动，对公众了解中国科技创新成就、普及先进科学技术知识发挥了重要的导向作用。

（二）文化科技卫生"三下乡"

1996 年，中央宣传部、中央文明办会同文化部、科学技术部、卫生部等部门启动全国文化科技卫生"三下乡"活动。15 个部门共同举办集中示范活动。

2017 年开始，改为每个部门选择一个省区举办文化科技卫生"三下乡"活动。

全国文化科技卫生"三下乡"活动是由中共中央宣传部、中央文明办、国家发展改革委、教育部、科学技术部、司法部、农业农村部、文化和旅游部、国家卫生健康委、共青团中央、全国妇联、中国文联、中国科协等 15 个部门联合开展的集中下乡服务活动。"三下乡"活动的根本任务是培育和践行社会主义核心价值观，为推动城乡发展一体化，提升农村文化科技卫生公共服务水平，着力丰富农村精神文化生活，提升农民群众综合素质，推动农村精神文明建设，促进农村经济社会持续健康发展提供强大精神力量。

文化、科技、卫生、司法、农业等领域的相关部门在启动仪式现场，实地设立众多服务摊点，为当地群众送去各种咨询、互动展示等现场服务。文艺工作者为老区人民带来的文艺演出精彩纷呈，赢得在场观众的阵阵掌声；在科普展台设置的流动科普互动设施，吸引众多大人和小孩动手进行体验；医疗义诊、计生咨询、农业技术展台前人头攒动，工作人员和志愿者悉心为群众答疑解难。在"三下乡"活动过程中，科学技术部、中国科协等部门针对当地农民的实际需求，组织科技人员下乡，通过科技咨询、现场服务、科普活动、专家讲座等多种方式，深入田间地头，来到群众身边，开展内容丰富的科技服务活动。

（三）全国科技活动周

1. 国务院批准设立

2001 年 3 月 22 日，《国务院关于同意设立"科技活动周"的批复》同意："自 2001 年起，每年 5 月的第三周为'科技活动周'，在全国开展群众性科学技术活动，具体工作由科学技术部商有关部门组织实施。"

科学技术部会同中央宣传部、中国科协等部门，已成功举办了 24 届全国科技活动周，开展各类科普活动 100 余万场次，直接参与人数超过 30 亿人次，是内容最丰富、公众参与度最高、覆盖面最广、社会影响力最大的群众性科技活动品牌，成为推动全国科普事业发展的标志性活动和重要载体。

党和国家领导人高度重视科技活动周的举办。2001 年，时任中共中央总书记江泽民对科技活动周作出重要指示。2015 年，时任中共中央政治局常委、国务院总理李克强对科技活动周作出重要批示。2023 年、2024 年，中共中央政治局常委、国务院副总理丁薛祥出席 2023 年、2024 年全国科技活动周启动式。

2. 历年科技活动周

全国科技活动周从 2001 年开始，每年的主题都有所不同，体现了科技在不同年份的发展和社会的关注焦点。总体来说，全国科技活动周的主题都紧密围绕科技创新、科学普及和社会发展等核心议题，旨在提高公众对科技的认识和理解，亲身感受科技带来的魅力和变化。

2001年，主题"科技在我身边"。5月14日至20日在北京中山公园隆重举行。活动周的形式新颖、内容丰富、参与性强，开展的科技活动贴近老百姓的生活。

2002年，主题"科技创造未来"。5月18日至24日举办，5月18日在中华世纪坛举行开幕式，主场设在中华世纪坛。科学技术部、中央宣传部、中国科协与有关部门共同举办了一系列群众性科技活动，旨在通过展示科技发展的最新成就，在全社会弘扬科学精神，倡导科学文明的生产、生活方式。

2003年，主题"依靠科学，战胜非典"。5月17日至23日举办，5月17日在科学技术部举行启动式。时任中共中央常委、国务院总理温家宝致信2003年科技活动周，指出："科学是战胜非典的有力武器。"当时正值中国面临严峻的"非典"疫情时期，为响应这一形势，科技周的主题展览也迅速改为以"依靠科学，抗击'非典'"为主题的网上展览活动。展览由科学技术部、中宣部、中国科协、中国科学院联合主办。

2004年，主题"科技以人为本，全面建设小康"。5月15日，在北京展览馆广场举行启动仪式。该主题全面贯彻了党的十六大和十六届三中全会精神，集中宣传了党和政府的科技方针政策，展示了科技发展的最新成就，体现了科普工作的现状和实效，并反映了公众对科技的实际需求。

2005年，主题"科技以人为本，全面建设小康"。5月14日，在北京海淀展览馆举行开幕式。这一主题的提出，体现了科技对于人类社会发展的重要性，强调了科技在全面建设小康社会过程中的关键作用。同时，这一主题也倡导以人为本的科技发展理念，强调科技发展的目的是造福人民，提高人民的生活水平。

2006 年，主题"携手建设创新型国家"。5 月 21 日，在北京中关村软件园举行开幕式。这一主题的提出，旨在强调创新在国家发展中的核心地位，倡导全社会共同参与创新，共同推动国家向创新型国家的转型。

2007 年，主题"携手建设创新型国家"。5 月 19 日，在中国科学院奥运村科技园开幕。全国范围内开展了一系列丰富多彩的活动，包括科普讲座、科技展览、创新竞赛等，旨在增强公众的科学素养和创新意识，推动科技创新成果的转化和应用。

2008 年，主题"携手建设创新型国家"。5 月 17 日，在北京中国科技馆举行开幕式。在这一主题的引领下，在全国范围内开展了丰富多彩的科技活动，旨在增强公众的科学素养和创新意识，推动科技创新成果的转化和应用，进一步营造激励自主创新、建设创新型国家的良好氛围。

2009 年，主题"携手建设创新型国家"。5 月 16 日，在北京北军集团二七机车厂举行开幕式。全国各地组织了一系列科普活动，包括科技讲座、科普展览、发放科普知识读本，以及邀请科技人员到农村进行技术培训等，旨在提高公众的科学素养，推动科技创新和科学普及事业的发展。

2010 年，主题"携手建设创新型国家"。5 月 15 日，在北京首都博物馆开幕。在全国范围内开展了各种形式的群众性科技活动，旨在提高公众的科学素养，推动科技创新和科学普及事业的发展。这些活动展示了中国科技发展的最新成就，激发了公众对科技创新的热情，进一步营造了激励自主创新的良好氛围。

2011 年，主题"携手建设创新型国家"。5 月 14 日，在北京奥林匹克森林公园举行开幕式。全国各地围绕行业优势和区域特色，结合群众需求，举办了各具特色的科技活动。这些活动旨在让公众通过亲身参与，体验科技进步和创新的重要作用，理解创新、支持创新、参与创新，从而营造加快推动自主创新、促进科学发展的良好社会氛围。

2012年，主题"携手建设创新型国家"。5月19日，在北京全国农业展览馆举行开幕式。该主题旨在强调创新在国家发展中的核心地位，并倡导全社会共同参与创新，共同推动国家向创新型国家转型。

2013年，主题"科技创新·美好生活"。5月19日，在北京全国农业展览馆举行开幕式，主场设在中国农业展览馆。在这一主题的引领下，全国范围内开展了一系列科技活动，旨在通过展示科技创新成果，普及科技知识，增强公众对科技创新的理解和支持，激发公众的创新创造兴趣。

2014年，主题"科学生活 创新圆梦"。5月17日，在北京全国农业展览馆举行开幕式，主场设在中国农业展览馆。这一主题的提出旨在宣传科技创造美好生活，创新驱动经济社会发展，号召全社会共同努力为实现中华民族伟大复兴中国梦而奋斗。

2015年，主题"创新创业 科技惠民"。5月16日，在北京民族文化宫举行启动式。这一主题的提出旨在宣传创新驱动经济社会发展、创新创业成果，服务改善民生，进一步增强公众科技意识和科学素养，为建设创新型国家、实现中华民族伟大复兴的中国梦奠定坚实的社会基础。时任中共中央政治局常委、国务院总理李克强作出重要指示："全国科技活动周开展15年来，已成为公众参与度高、社会影响力大的群众性科技活动品牌，为推动全国科普事业发展发挥了重要作用。"全国范围内开展了一系列丰富多样的科技活动，向公众展示国家和地方的创新成果和创业案例，让公众亲身感受科技给人们生产生活带来的变化，激发全社会的创新创业热情。

2016年，主题"创新引领，共享发展"。5月14日，在北京民族文化宫举行启动式。这一主题的提出，旨在强调创新在引领发展中的核心作用，以及科技创新驱动经济和社会发展的重要性。同时，它也倡导科技创新创业成果为全国各族人民共享，助力全面建成小康社会，实现第二个百年奋斗目标，实现中华民族伟大复兴的中国梦。活动周期间安排了一系列丰富多彩的科普活动，包括科学重器展示、新技术新产品新创业展区、"一带一路"科普驿站、创新梦工场等，让百姓能亲身参与并享受科技创新给生活带来的魅力。

2017 年，主题"科技强国、创新圆梦"。5 月 20 日，在北京民族文化宫举行启动式。全国各地从 5 月 20 日至 27 日开展了 4000 余项重点科普活动，包括"科学之夜""科技列车西藏行""科研机构、大学向社会开放活动""全国科普讲解大赛"等 10 余项重大示范活动。

2018 年全国科技活动周的主题为"科技创新 强国富民"。5 月 19 日，在北京中国人民革命军事博物馆举行启动式。这一主题的提出旨在全面贯彻落实党的十九大精神，以习近平新时代中国特色社会主义思想为指导，坚持和加强党对科技工作的全面领导，动员号召全国科技工作者、社会各界人士，积极投身实施创新驱动发展战略、加快建设世界科技强国的伟大实践。全国各地举办了 2 万余场科学科普活动，以活泼、欢快的形式开展科普表演，为活动注入更多活力。

2019 年，主题"科技强国 科普惠民"。5 月 19 日，在北京中国人民革命军事博物馆举行启动式。5 月 19 日至 26 日全国科技活动周期间，全国各地围绕主题，推出了一系列具有地方特色的科技大餐，旨在通过展示科技创新成果和科普活动，让公众更深入地了解和体验科技的力量，感受科技对改善和提升人民生活质量的重要作用。

2020 年，主题"科技抗疫，创新驱动"。科学技术部、中央宣传部、卫健委、中国科协于 8 月 23 日至 29 日共同主办了此次活动。8 月 23 日，在北京中关村国家自主创新展示中心举行启动式。活动以"科技战疫"为重点，展示科学技术对战胜疫情的重要支撑作用和系列成果，展示科学普及在引导人民群众科学识疫、科学防疫中发挥的重要作用，以及科技创新对国家经济社会发展的重要支撑作用。同时，活动还举办了体验美好生活活动、科技助力脱贫攻坚等一系列丰富多彩的活动。

2021年，主题"百年回望：中国共产党领导科技发展"。5月22日，在北京中关村国家自主创新展示中心举行启动仪式。这一主题的提出旨在突出展示中国共产党领导中国科技事业发展的光辉历程，重点展示党的十八大以来党领导科技创新取得的重大进展和突出成就，大力弘扬科学家精神。活动周期间举行了主题展览等活动，展示了党的十八大以来科技创新取得的重大成就。还举办了形式多样的青少年科技创新活动和科技下乡活动，策划安排了科技安全宣传教育内容，以提高公众的科技意识和科学素养。

2022年，主题"走进科技，你我同行"。8月20日，在北京城市绿心森林公园举行启动式。5月21日至30日期间，通过组织群众性科技活动，推动在全社会形成讲科学、爱科学、学科学、用科学的良好氛围。科学技术部联合相关部门、地方开展"轮值主场"活动，以生物多样性保护、碳达峰碳中和、航天科技、海洋科技、冬奥科技、青少年科技、少数民族地区特色科普等为主题，每天组织一个特色科普活动。

2023年，主题"热爱科学 崇尚科学"。5月20日在北京城市绿心森林公园举行启动式，中央政治局常委、国务院副总理丁薛祥出席启动式。主题的设定旨在加强国家科普能力建设，深入实施全民科学素质行动，大力弘扬科学家精神，树立热爱科学、崇尚科学的社会风尚。活动周期间组织了一系列丰富多彩的科普活动，如科普进校园、全国科普微视频大赛、全国科普讲解大赛、科学之夜等，吸引了大量公众参与，有效提升了公众的科学素养和创新意识。

2024 年，主题"弘扬科学家精神 激发全社会创新活力"。活动于 5 月 25 日至 6 月 1 日在全国各地举行，5 月 25 日，在北京石景山区首钢公园举行主场活动启动式。中共中央政治局常委、国务院副总理丁薛祥 26 日在京出席 2024 年全国科技活动周暨北京科技周主场活动。他强调，要深入学习贯彻习近平总书记重要指示精神，大力弘扬爱国、创新、求实、奉献、协同、育人的科学家精神，营造尊重科学、崇尚创新的社会环境，为建设科技强国汇聚智慧和力量。

3. 重点活动内容

全国科技活动周内容非常丰富，全国 41 个部门、各地同步举办。每年都确定一个主题，并围绕该主题举办各种形式的科普活动。科技活动周等综合性科普活动虽然时间短暂，但影响却非常广泛。通过定期举办大型科普活动，调动了科技人员进行科学传播的积极性，推动了公众对科技的学习和理解，扩大了社会影响。

主要活动包括：科技战略、科技列车行、全国优秀科普作品推荐、全国科普讲解大赛、全国科普微视频大赛、全国科学实验展演汇演活动、科学之夜活动、科普援藏、流动科技馆进基层等。通过开展科技扶贫、科技下乡、科普进社区、科普进校园等系列科普惠民活动，组织广大科技工作者和科普工作者，深入田间地头、厂矿企业、社区农村、中小学校开展形式多样的科普服务活动。广泛组织青少年科技实践活动，大力培育青少年尊崇科学的人生价值观，激发青少年热衷科学探索的兴趣，培养青少年投身于实现高水平科技自立自强的远大志向。

全国科技活动周组委会每年组织 10 余项重大示范活动，41 个中共中央、国务院部门开展 1000 余项重点活动，47 个副省级以上地方政府将开展 19 000 余项重点活动。中央军委科技委动员基层部队官兵参与驻地的相关活动。

以前科技活动周只有开幕式，没有闭幕式，给人以虎头蛇尾的感觉。2016 年，科学技术部与上海市人民政府协商，将全国科技活动周闭幕式与上海科技节闭幕式合并举行，实现双赢。闭幕式邀请部门、地方科普工作者参与，以科学文化演出的形式举办，效果很好。

澳门特别行政区每年举办澳门科技活动周。

4. 活动主要特点

（1）贴近公众、紧贴民生，让公众感受科技创新的魅力。通过展示科技惠及民生的成果、组织高端科技资源向社会开放，让公众接触科技，体验科技魅力，激发创新创造兴趣；

（2）科普力量"上山下乡"，让科技的触角延伸得更深更远。通过举办科技列车行、流动科技馆进基层等重大示范活动，把大城市优质科普资源、科技服务送到基层；

（3）科普与演艺竞赛结合，特色活动精彩纷呈。通过举办科普文艺汇演、科普讲解大赛等活动，将科学与艺术相结合，丰富公众的精神文化生活；

（4）充分发挥传媒科普功能，扩大公众覆盖范围。中央主流媒体、网站给予高度关注，进行全方位、多层次、高密度的宣传报道。

科技活动周作为展示科技魅力、推动科技普及的重要平台，始终坚持服务国家经济社会发展大局，贴近社会公众实际需求和日常生活，特别是在抗击非典、应对汶川和玉树地震、科技抗疫等关键时期，群众性科技活动都发挥了积极作用。

（四）全国科普日

2003 年 6 月 29 日，在《中华人民共和国科学技术普及法》正式颁布实施一周年之际，为在全国掀起宣传贯彻落实《科普法》的热潮，中国科协在全国范围内开展了一系列科普活动。自此，中国科协每年都组织全国学会和地方科协在全国开展科普日活动。从 2005 年起，为便于广大群众、学生更好地参与活动，活动日期由原先的 6 月份改为每年 9 月第三个公休日，作为全国科普日活动集中开展的时间。党和国家领导人莅临全国科普日北京活动现场，与首都各界群众一起参与科普日活动，全国各地同步开展科普日活动，为提升公众科学素质发挥了重要作用。

第二节　特色专业科普活动

特色专业科普活动包括科技成就展、科技活动周展览、科普博览、科技列车行、科学之夜、科研机构和大学向社会开放、全国科普讲解大赛、全国优秀科普作品推介、全国科普微视频大赛、全国科学实验展演汇演活动、流动科技馆进基层（农村、学校、企业、军营）、科普援藏等。

在科技活动周主场举办科技成果展示活动是个很好的办法。每年国家科技计划项目成果上万项，选择展示效果好的项目面向公众展示，让公众亲自感受科技创新成果的作用与价值，是好的设计与安排。自 2001 年首届全国科技活动周开始，科学技术部牵头举办年度科技成果展，深受公众欢迎，成为科技活动周最受欢迎的内容。许多部门和地方也同步举办部门和地方的科技成果展示，成为每年科技活动周的亮点内容。

（一）重大专业性科普活动

1. "中国航天日"活动

2016 年 3 月 8 日，国务院批复同意将每年 4 月 24 日设立为"中国航天日"。每年 4 月 24 日举办"中国航天日"活动，每年确定不同的主题，活动由工业和信息化部、国家航天局和地方省级人民政府共同主办。

活动充满正能量、艺术感和科普性，内容丰富，亮点频出。"中国航天日"活动期间，全国各地围绕年度主题，举办多场系列活动。2023 年以"格物致知 叩问苍穹"为主题，2024 年以"极目楚天 共襄星汉"为主题。

2. 全国科学之夜

科学之夜活动，是科普活动的一种创新，它实际是以家庭为单位开展的一次综合性、寓教于乐的科学嘉年华活动。2017 年率先在中国古动物博物馆、北京天文馆举办，深受大家欢迎。2018 年在中国科学院动物所举办，2019 年在中国科学院动物所、中国人民革命军事博物馆举办，2020 年在各地举办，2021 年在北京一零一中学举办，2022、2023 年在中国科学院动物所举办，2024 年在中国古动物博物馆、北京天文馆举办。不少民众日常没有时间参加科普活动，但是在周末的晚上，携家人来参加这种娱乐性活动，就对许多人产生了很大的吸引力。全国科学之夜活动深受社会各界人士的欢迎和喜爱，许多省、区、市也纷纷举办各自的科学之夜活动。

（二）重大竞技性科普活动

1. 全国科普讲解大赛

全国科普讲解大赛创办于 2014 年，每年以全国科技活动周的主题为主题，来自全国各地、部门、解放军的代表队进行激烈角逐，大赛的前十名被授予"全国十佳科普使者"称号。参赛选手年龄跨度从"00 后"到"50 后"，涵盖多年龄段、多层次、多领域。选手讲解内容涵盖科技、文化、农业、健康、生态、教育等各领域，既关注科技前沿，又贴近民生热点。全国科普讲解大赛由科学技术部主办，广州市科技局、广东科学中心和广东广播电视台承办。

讲解是以展陈为基础，运用科学的语言和其他辅助方式，将知识传递给公众的一种社会活动。科普讲解集科学知识、语言、技巧为一体，具有直观、形象、通俗、简洁等鲜明特点，雅俗共赏、老少皆宜，是深受群众欢迎、易于流行、成本低廉的一种新型科学传播形式。通过科普讲解可以不断创新科学传播形式，丰富科学传播内容，为广大科技人员和科普工作者搭建科普大平台。

全国科普讲解大赛通常在每年3月启动，由科学技术部主办，各地方、有关部门及澳门特别行政区积极参与。全国科普讲解大赛分为地方、部门预赛、半决赛、总决赛三个阶段，经过各省、自治区、直辖市、计划单列市、副省级城市科技行政主管部门，国务院有关部门、中央军委科技委、澳门特别行政区的层层预赛、激烈角逐、精心选拔，地方、部门按照分配的名额组成代表队，参加大赛半决赛，先分三组进行半决赛，最后每组的前10名选手晋级总决赛，共有30名选手进行总决赛。每年第四季度，来自全国各地方省级单位、国务院部门、香港特别行政区、澳门特别行政区和中国人民解放军的科普讲解选手齐聚广州，在世界最大的科技馆——广东科学中心，同台比拼讲科学、秀科普，各路高手同台竞技、一决高低，为公众带来一场科学的视听盛宴。比赛内容包括选手十分擅长的自主命题讲解、现场抽取的随机命题讲解、《中国公民科学素质基准》知识测试、评委问答四个环节，综合考核选手的科学讲解能力和综合素质。比赛现场，选手们个个讲解技艺高超、才华横溢，为观众打开一扇扇科学技术知识新大门。

参赛选手里，不仅有经验丰富的讲解员、大学生、博士、博士后、研究员、教授，还有许多跨领域的科普传播者，包括广播电视台的主持人，媒体记者，医院的医生和护士，解放军、武警官兵，公安干警，气象局、地震局、消防救援等部门和科研机构的研究人员，民航局和人民银行的职员，以及各类科技企业和社会志愿者等。活动聘请中国科学院院士褚君浩、刘嘉麒、陈新滋、沈学础，澳门科学院馆长邵汉彬，上海科技馆馆长王小明，国家一级演员朱雅丽等知名专家担任评委，保证了竞赛活动的高水平和公平、公正、公开。经过激烈角逐，最后 10 名选手脱颖而出，被授予"全国十佳科普使者"称号。每组前 10 名选手获二等奖，每组第 11～25 名选手获三等奖，所有参加半决赛的选手被评为"全国优秀科普讲解人员"，部分"全国十佳科普使者"参加全国科普巡展活动，同步进行科普讲解的巡讲。历届比赛获奖者具有极高的社会认可度，成为科技馆、科技类博物馆和知名企业招聘的重点人才。

科普讲解要求具备丰富的科学技术知识储备。科普讲解人员能够撰写吸引观众、让观众通俗易懂的讲解稿，掌握科学传播技巧。科学传播工作者作为沟通观众与科学之间的桥梁，其素质、能力的高低，直接影响科普知识的传播质量。组织讲解活动，就是要为这些科学传播人员搭建一个展现风采的舞台，使公众领略科技之美。科普讲解内容丰富、形式多样，易于普及推广。科普讲解深受广大科技人员、科普工作者，特别是青少年喜爱。北京、广州、上海、河南、成都等地还推出了小小科普讲解员大赛，得到了家长们的点赞，形成了全家老少齐助阵，你方讲罢我登台的活跃场面，在社会上营造了爱科学、学科学、讲科学、用科学的良好氛围。

2. 全国科学实验展演汇演

科学技术部、中国科学院主办，创办于 2017 年，最初由中国科学院物理所承办，后改为中国科学技术大学承办。每年来自全国的上百支队伍齐聚中国科学院物理所、中国科学技术大学，为公众呈现了一场极具创意、妙趣横生的科学实验秀。展演活动设置自选实验和评委问答两个环节，各参赛队伍以物理、化学、生物、光学等学科中的有趣的科学现象和日常生活为切入点，融入舞台剧、小品、脱口秀等多种表演形式，既有经典科学实验的重新编排演绎，又有前沿科研成果的通俗形象化展示，实验展演过程精彩纷呈。

科普活动一定要调动科技人员的积极性，才能吸引更多的科技人员参与科普活动。科技人员参与科普的积极性不是很高，可能与科普活动缺少科技人员施展才能的舞台有一定关系。为此，经过认真研究分析，科学技术部科普工作主管部门与中国科学院科学传播局协商，决定推出全国科学实验展演汇演活动，让科技人员和科普爱好者到舞台上做科学实验，一边做一边讲给公众，效果大不一样，得到了科技人员的积极响应。

全国科学实验展演汇演活动每年举办。在第一阶段的展演汇演中，各参赛队伍按照抽签顺序，分三组展演，完成大赛组委会规定的常规实验，展现基本科学素养。经过角逐，每组决出 10 个队伍，三组产生 30 个队伍参加第二阶段展演汇演。在第二阶段的展演汇演分为自选实验、知识问答和评委提问三个环节。通常会由中国科学院院士等七人组成专家评委组，经过现场评审，产生一、二、三等奖、专项奖、优秀奖、优秀组织奖。

（三）流动性科普服务活动

1. 科普进社区

分为两方面内容，一是开展科普知识健康讲座，向社区居民详细介绍急救办法，现场接受群众咨询，对群众的疑问进行一对一讲解。二是通过发放宣传材料等形式，普及科学知识，传播科学思想，提高社区居民的科学素养，让科普知识走进社区、走进家庭，营造了良好的社区氛围。宣传志愿者们通过发放宣传手册、咨询讲解、悬挂横幅等方式向过往群众宣传环境保护、垃圾分类、食品安全、电信诈骗、文明养犬等相关知识，吸引了众多群众参与；城管办、文明办、派出所等工作人员也在现场耐心地为群众答疑解惑。宣传志愿者们还准备了垃圾分类测试、科普知识问答等小游戏，并为积极参与的居民发放印有科普知识的小扇子、环保袋、书签等小礼品，让大家享受科学带来的快乐与收获。例如，旨在普及生物多样性科普知识，详细讲述保护环境从我们生活中垃圾不落地开始的"418"行动，从"爱的视角"出发，揭示家庭、社区以及人与生物多样性、共建地球生命共同体等人与大自然之间的相互依存关系，并阐释了大爱在构建和谐家庭、和谐社会和人与自然和谐共生等方面所发挥的积极作用，强调实现"双碳"是全社会共同行动的目标。活动现场悬挂科普宣传横幅，发放科普生活应急读本、地震应急自救互救、健康科普、普法知识、科普画册、环境保护、气象科普、交通安全等宣传材料。

2. 科普进农村

围绕各自主题开展。让居民近距离体验科学趣味，领略科学魅力，进而达到开拓科学视野、激发学习热情、传播科学思维、弘扬科学精神的作用。现场开设声光电系列互动展品体验以及走进科技科学实验表演、航模飞行与跳舞机器人展示等多个板块，吸引了很多居民带着小朋友一起前来参观，还有小朋友和机器人一起跳舞。在现场互动中，居民对科普知识充满了好奇，工作人员现场发放燃气安全、营养健康、防震减灾等科普知识宣传读本，并进行科技政策法规宣讲，让居民受益匪浅。科普进农村是一项推动科技走进生活、惠及群众的社会影响较大的群众性科普活动。

邀请农业相关专家及志愿者组成乡村科普团队，针对特色农作物在生产种植过程中面临的技术难题，进行集中培训和现场教学，更为直观地科普种植过程中的问题解决方案，通过实际讲解充分加深学习印象，实现学以致用、产学研相结合的良性循环。后续根据意向进行高校、科研机构与农户间的实地帮扶撮合，实现农业生产技术问题及时反馈解决，定向匹配高校及科研机构，协调专业科技人员开展集中式技术讲解、产业培训等服务，帮助农户更好地解决生产过程中面临的技术难题。

3. 科技列车行

2002 年，中国推出了面向西部地区和老、少、边、穷地区的"科普列车"，主要开展科普展览、报告会、讲座、农业技术咨询、医疗技术培训、致富经验传授、科普电影放映等活动。2002 年 5 月以"传播科学文明，服务老区人民"为主题的科普列车从北京出发，沿京九（北京—香港九龙）铁路在河北、河南、湖北、江西四省的 14 个县市开展宣传服务活动；2002 年 10 月，以"传播科学文明，促进西部开发"为主题的科普列车从北京驶向西北，为内蒙古、宁夏、甘肃等 3 个省、区铁路沿线 9 个县（旗、市）的各族人民提供服务。所到之处，广受欢迎。2004 年，科学技术部会同国务院多个部门推出科技列车行活动。

4. 流动科技馆

为推动流动科普工作高质量发展，实现科普服务公平普惠、赋能基层，中国科协组织开展中国流动科技馆项目，分为两类，即中国流动科技馆常规巡展（以下简称"常规巡展"）和中国流动科技馆区域换展

（以下简称"区域换展"）。常规巡展，各地需依照所在区域实体科技馆、流动科技馆存量展览的分布情况，科学制定年度巡展计划。每套展览全年巡展不少于 3 站，每站巡展时间不少于 2 个月，一年总巡展时间不少于 10 个月。区域换展试点，各地需依照本地现代科技馆体系建设情况，制定年度区域换展计划。区域换展原则上每个省建一个试点，以地级市为巡展区域，区域内不少于 6 个县（市）共同实施巡展，每个县（市）配备不同的展览资源，每半年进行展览轮换。各地需为区域换展配套展览资源、保障巡展运行经费。按照东、中、西部划分，中央和地方配套展览资源套数比例分别为 2∶4（东部）、3∶3（中部）、4∶2（西部），各地配套展览资源纳入区域换展统一管理。各地配套展览资源原则上从中国流动科技馆展览资源库中选择。

5. 科普产（展）品巡展

科学技术部主办的"全国优秀科普产（展）品巡展暨流动科技馆进基层"，深受地方欢迎。北京天文馆、中国消防博物馆、中国科学院行政管理局、中国古动物馆、中国铁道博物馆、中国园林博物馆、中国宋庆龄青少年科技文化交流中心、北京动物园、北京科学中心、首都医科大学附属北京同仁医院、北京中医药大学东直门医院、北京市西城区青少年科学技术馆等，组织科普工作者，通过科技资源对接、提供科普服务、捐赠科普教具、现场义诊等方式，将全国优秀科普产品（展品）带到基层群众中去，为当地打造一场"量身定做"的科普盛宴。流动科技馆巡展活动已经走过多个城市，把优质科普资源送向基层。现在的科普活动已经不能简单地让大家看看展板，看看宣传资料，而要强调娱乐性、趣味性，让孩子在玩的过程中感受科技魅力。目前科普资源在大城市比较集中，需要有更多流动科技馆走向基层。

6. 少数民族科普活动

少数民族科普活动是科普的重点任务，少数民族的人口分布广阔、流动性大，且文化水平、科学素质较低，是科普工作的重点和难点。科普大篷车、流动科技馆、科学快车进少数民族地区的效果较好，很受欢迎。少数民族地区以农牧民为主，因此科普农业知识、牧业知识、医学知识是重点。

科普工作必须面向全体公民，惠及全体公民。中国区域、城乡差距大是基本国情。科普在区域、城乡之间差距很大，北京、上海、广东等发达地区科普基础设施完善，科普能力强，公民科学素质水平高。西藏、新疆、青海、甘肃等西部地区科普基础设施匮乏，科普能力弱，公民科学素质水平低。如果不缩小这个差距或鸿沟，科普就很难实现真正的发展。

科学技术部、中国科协等部门对西藏的科普工作予以了支持和资源倾斜，优先安排西藏科普工作者参加科普培训，重大科普活动邀请西藏派代表参加。随着内地科普快速发展，国家开展科技援藏工作的深入开展，西藏提出了科普援藏的请求，中央也下达了科普援藏的任务。科学技术部率先响应，于2016年启动了科普援藏活动，派出了50余名专家赴西藏拉萨、阿里开展送科普进藏区活动。2017年，科学技术部会同国家民委等部门开展"科技列车西藏行"活动，在西藏自然科学博物馆举办了"拉萨科学之夜"活动，深入拉萨、日喀则、那曲等市开展科普活动。2018年，科学技术部组织科普援藏活动，到拉萨、山南市开展科普活动。2020年，科学技术部组织科普援藏活动，到拉萨、藏东开展科普活动。2021年，科学技术部组织科普援藏活动，赴拉萨、墨脱等地开展科普活动。2022、2023、2024年均举办了科普援藏活动。

科普进企业、科普进学校、科普进社区、科普进农村、科普进军营等科普活动，深受社会欢迎。

（四）港澳交流性科普活动

1. 香港"创科博览"活动

由团结香港基金主办的香港"创科博览"活动。每次确定不同主题，集中展出由科学技术部组织的多项国家级创科展品，全方位向香港市民展示国家取得的创科成就以及香港回归以来的科研成果。展品涵盖航天、陆地、深海、智能与生物科技五个领域。博览会还从近年来香港科研成果中评选出具有代表性的产品和项目参展。

2. 中国载人航天工程赴香港、澳门交流

加强内地与香港、澳门的科普交流十分重要和必要。中国载人航天工程代表团应邀赴香港、澳门进行访问，在港澳开展形式多样的交流活动，点燃港澳同胞探问宇宙的热情，激荡出爱国壮志的情怀力量。当港澳同胞仰望苍穹，浩瀚宇宙中属于全体中国人的"太空之家"正在距地球数百公里外遨游。

3. 院士专家巡讲团走进香港

中国科学院联合香港中联办举办院士专家巡讲团走进"香港科创大讲堂"活动，院士专家围绕中国前沿科技领域取得的科技成果、科技进展进行讲解。院士专家还走进香港中小学校，围绕航天航空、天文地理、动物植物、超导技术、轨道交通等主题开展科普报告及座谈交流，普及科学知识，传播科学思想，弘扬科学家精神，让香港青少年了解祖国的科技发展，感受老一辈科学家的爱国情怀和责任担当，激发香港青少年对科学的好奇心、想象力和探求欲。

4. 澳门科技周暨创科成果展

在科学技术部的支持下，从 2010 年起，由澳门特区政府科技委员会主办"澳门科技周暨创科成果展"。中国科学技术交流中心等组织了若干件来自内地的展品亮相。"澳门科技周暨创科成果展"是澳门一年一度的大型公益性优秀科技创新产品展览活动。同时举办"年度科研项目结题展暨学术报告会"，向公众展示获科技基金资助的科研项目结题成果，有助于公众加深对澳门前沿科研实力的了解。

第三节 科研机构开放活动

（一）公众科学日

"公众科学日"是中国科学院举办的大型公益性科普活动，自 2004 年起，每年 5 月举办，中国科学院各个科研院所、机构都如约面向社会公众开放。该活动作为中国科学院的品牌科普活动，是传播科学知识的重要平台，已成为公众了解科技进展，传播科学知识的重要平台。"公众科学日"活动是中国科学院科普资源的集中展示，也是中国科学院科普工作的重要体现。 一大批植物园、标本馆、博物馆、国家和院所重点实验室、大型科学仪器等对公众开放，一些最新的科研成果也将以科普展览、科普展品、科普设施等形式供参观者亲身接触、体验。院士、科学家、科技人员等精心准备，科普工作者和研究生科普志愿者投身活动中。对于公众来说，这是认识中国科学院的绝佳机会。每年的公众科学日成为最受公众欢迎的科普活动，物理所、计算所、自动化所等科研机构挤满了前来参加活动的公众，许多是一家人齐出动，场面异常火爆，众多场所不得不限制人数。

（二）科研机构开放活动

2006 年 11 月 30 日，科学技术部、中央宣传部、国家发展和改革委员会、教育部、财政部、中国科协、中国科学院联合印发《关于科研机构和大学向社会开放开展科普活动的若干意见》。

为实施《国家中长期科学和技术发展规划纲要（2006—2020 年）》和《全民科学素质行动计划纲要（2006—2010—2020 年）》，营造激励自主创新环境，努力建设创新型国家，根据《国务院关于实施〈国家中长期科学和技术发展规划纲要（2006—2020 年）〉若干配套政策的通知》，充分发挥科研机构和大学在科普事业发展中的重要作用，进一步建立健全科研机构和大学面向社会开放、开展科普活动的有效制度。要求科研机构和大学利用科研设施、场所等科技资源向社会开放开展科普活动，让科技进步惠及广大公众，是其重要社会责任和义务，有利于提升我国科普能力，增强公众创新意识，营造创新的社会氛围，提高公众科学素质，培养科技后备人才，对于加快科技事业发展，增强自主创新能力具有十分重要的意义。

科研设施面向社会开放，持续承担重要科普职能。据科技部数据，2022 年度，科研机构和大学向社会开放 6457 个，共接待访问 1614.96 万人次。

第四节　科普理论研究活动

（一）"科学与中国"院士专家巡讲活动

2002 年，中国科学院发起，联合中央宣传部、教育部、科学技术部、中国工程院、中国科协共同创办了"科学与中国"院士专家巡讲活动。"科学与中国"活动已经启动 22 周年，中国科学院学部作为国家在科学技术方面的最高咨询机构，长期以来，积极发挥院士群体在科学普及和科学教育方面高端引领和率先示范带动作用。在六部门的共同推动和广大院士的积极参与下，院士专家们的足迹遍布 30 余个省、自治区、直辖市，作了 2000 余场次的科普报告和讲座。

回顾人类文明和科技发展交相辉映的历史，科学普及犹如高原沃土，为科技创新和文明进步贡献了无穷的力量。回顾中国科普事业的发展历程，科学普及在各个历史时期都为服务国家战略发挥了重要作用，这也是"科学与中国"活动历经 22 年不变的初心和使命。"科学与中国"持续发挥好引领和带动作用，为推动新时代科学普及事业高质量发展作出新的贡献。

2023 年 7 月 20 日，习近平总书记给"科学与中国"院士专家代表回信："多年来，你们积极参加'科学与中国'巡讲活动，广泛传播科学知识、弘扬科学精神，在推动科学普及上发挥了很好的作用。"

（二）科学传播"香山会议"

香山科学会议由科学技术部（原国家科委）于1992年倡导发起，在科学技术部和中国科学院的共同领导和支持下，于1993年4月正式创办，相继得到科学技术部、中国科学院学部、国家自然科学基金委员会、中国工程院、教育部、中央军委科学技术委员会、中国科学技术协会、国家卫生健康委员会、农业农村部、交通运输部等部门的联合支持。香山科学会议是中国科技界以探索科学前沿、促进知识创新为主要目标的高层次、跨学科、小规模的常设性学术会议。会议实行执行主席负责制，以评述报告、专题报告和深入讨论为基本方式，探讨科学前沿与未来。香山科学会议是中国科技界以探索科学前沿、促进科技创新为主要目标的高层次、跨学科学术会议，1993年4月创办，在学科交叉领域提供了重要的思想交流平台，为国家各类重大科技计划的决策提供了支撑，对中国科技界产生了广泛的影响。

以"科学传播与科学教育"为主题的第703次香山科学会议，于2021年6月21日至22日召开，旨在应对新时代的新要求，促使中国科学界不仅重视科学研究上的"硬成果"，还要注重科学"软成果"的产出，为科学传播与科学教育的实践提供理论上的指导，搭建平台供全国科学教育界的专家学者及一线工作者深入探讨科学教育的规律，进一步扩大科学教育在中国的影响力，提升中国科学教育的水平。来自中国科学院、中国科协、大中小学校以及媒体机构等21家单位的50名专家学者与会，围绕科学如何发挥社会功能、科学共同体参与科学文化构建、校外与校内科学教育的有效衔接等中心议题进行深入研讨。各位专家学者围绕"科学传播与科学教育"主题进行交流、讨论，不仅指出了亟待解决的问题，也提出了许多具有前瞻性的发展建议。

　　第 703 次香山科学会议是该学术论坛历史上第 3 次以科学传播、公民科学素质、科学教育为主题的学术会议。始于 2007 年 8 月 28—30 日，由中国科学技术大学科学传播研究与发展中心发起主办的第 307 次香山科学会议为该领域的第一次学术讨论会，主题为"中国公民科学素质测评体系与科学传播战略"。会议在"科学传播与科学教育"总主题下，围绕"科学如何发挥社会功能""科学共同体参与科学文化构建""校外与校内科学教育的有效衔接"三个分主题专场进行了深入研讨。各专场讨论期间，参会代表各抒己见，在经过广泛交流和深入讨论后，与会专家对未来中国科学传播与科学教育的发展形成以下 4 条基本共识：①现代化科技强国建设的新时代，需深化科学素养为导向的育人目标；②科学共同体在科学传播和科学教育中应发挥重要作用；③需要提升科学共同体参与科学传播和科学教育的驱动力；④科学共同体参与科学传播和科学教育需要拓展路径和方法。2019 年，举行了第二次以科学传播为主题的香山科学会议。

　　科普理论研讨、科普能力论坛、科学教育论坛、科普创作沙龙、国际科技传播大会等活动日益活跃，在社会营造了爱科学、学科学、讲科学、用科学的浓厚社会氛围，也促进了科学传播理论研究与学术交流。

第五节　创新各类科普活动

新媒体时代下，科普活动面临着前所未有的机遇与挑战。为了更有效地传递科学知识，提升公众的科学素养，科普活动需要进行一系列的改进和创新。

1. 趣味性和互动性

传统的科普方式往往以单向传递为主，缺乏与公众的互动，而在新媒体时代，可以利用互联网、社交媒体等渠道，将科普内容以更加生动、有趣的形式呈现给公众。例如，通过制作科普短视频、动画、游戏等，将复杂的科学原理以简单易懂的方式传达给公众，增加科普的吸引力和互动性。

2. 新媒体传播优势

新媒体具有传播速度快、覆盖面广、互动性强等特点，能够迅速地将科普信息传递给广大公众。因此，科普工作者可以积极利用微博、微信、抖音等社交媒体平台，发布科普内容，与公众进行互动交流。同时，还可以利用大数据、人工智能等技术手段，对科普信息进行精准推送，提高科普的传播效果。

3. 增强与公众互动

在新媒体时代，公众不再是被动的接受者，而是可以积极参与科普活动的创作者和传播者。因此，科普工作者需要积极与公众进行互动，了解他们的需求和反馈，及时调整科普内容和形式。例如，可以设置科普问答、科普竞赛等活动，鼓励公众参与科普活动，提高他们的科学素养和参与度。

4. 跨领域资源整合

在新媒体时代，科普活动不再局限于某一领域或某一机构，而是需要跨领域、跨机构进行合作，共同推动科普事业的发展。例如，可以联合高校、科研机构、媒体等，共同策划科普活动，共享科普资源，提高科普活动的质量和影响力。

新媒体时代下，科普活动需要注重趣味性、互动性、传播优势、互动反馈以及跨领域合作等方面的改进和创新。只有这样，才能更好地满足公众对科普的多样化、个性化需求。

加强科普宣传

第九章

科普宣传是普及科学知识、弘扬科学精神的重要途径。科普宣传通过创新、生动、多样化的方式，将深奥的科学原理和复杂的科技进展转化为公众易于理解和接受的形式，有效提升了公众的科学素养和理性思维能力。在快速发展的科技时代，科普宣传对于培养公民科学思维、促进科技进步与社会和谐具有重要意义。科普宣传既承载着传播科学知识、弘扬科学精神的重要使命，也是连接科学家与公众、科学与社会的桥梁，还是培养公民科学兴趣、激发青少年科技创新潜力的重要手段。通过科普宣传，青少年可以更早地接触科学、了解科学、热爱科学，为未来的科技创新和人才培养奠定坚实的基础。

第一节　普及科学知识

中共中央、国务院 1994 年印发的《关于加强科学技术普及工作的若干意见》指出："从科普工作的内容上讲，要从科学知识、科学方法和科学思想的教育普及三个方面推进科普工作。在继续做好科学知识和适用技术普及宣传的同时，要特别重视科学思想的教育和科学方法的传播，培养公众用科学的思想观察问题，用科学的方法处理问题的能力。"

要充分利用大众传播媒介，开展多种形式的科普宣传。要从提高全民素质和培育下一代的高度认识科普宣传的重要性，重视传媒的科学教育功能，把科普宣传作为整个宣传工作的重要内容。要在报刊、图书、广播、电视和电影等大众传播媒介中加大科普宣传的力度和数量，通过政策发动、舆论引导，形成声势，逐步形成"学科学、爱科学、讲科学、用科学"的社会风尚。要鼓励和提倡新闻工作者学习科技知识，加强对科普宣传的鼓励和支持。对科普报刊图书、科普影视声像作品的创作与发行，应给予扶持，充分发挥这些现代化传播手段的作用。各类公益广告要增加科普宣传的含量，宣传科学、正确的生活方式和工作方式，创造有利于科普工作的全方位的舆论环境。

各级文化、宣传部门要进一步加强对新闻出版等大众传媒中科技内容的管理，创造科学、文明的社会氛围。要明令禁止有关涉及封建迷信或尚无科学定论、有违科学原则和精神的猎奇报道以及不良生活方式的宣传。

　　《科普法》第十六条规定：新闻出版、广播影视、文化等机构和团体应当发挥各自优势做好科普宣传工作。综合类报纸、期刊应当开设科普专栏、专版；广播电台、电视台应当开设科普栏目或者转播科普节目；影视生产、发行和放映机构应当加强科普影视作品的制作、发行和放映；书刊出版、发行机构应当扶持科普书刊的出版、发行；综合性互联网站应当开设科普网页；科技馆（站）、图书馆、博物馆、文化馆等文化场所应当发挥科普教育的作用。

　　科学技术部等 2007 年印发《关于加强国家科普能力建设的若干意见》，明确：繁荣科普创作，大力提高中国科普作品的原创能力。推动科普作品创作工作，鼓励原创性优秀科普作品不断涌现。针对新时期公众需求和欣赏习惯的变化，结合现代科技发展的新成就和新趋势，大力倡导自然科学和社会科学结合，知识性和娱乐性结合，专业科技人员与文艺创作人员、媒体编创人员相结合。使科普创作做到既要普及现代科学技术知识，大力弘扬科学精神、倡导科学思想、传播科学方法，又要掌握和创新科普作品的创作技巧，做到内容与形式的有效统一。推动全社会参与科普作品创作，既要引导文学、艺术、教育、传媒等社会各方面的力量积极投身科普创作，又要鼓励科研人员将科研成果转化为科普作品。要采取多种形式，建立有效激励机制，对优秀科普作品将给予支持和奖励。把科普展品和教具的设计制作与研究开发作为科普作品创作的重要内容。针对科普场所建设和中小学校科技教育的现状及需求，重点开展科普展品和教具的基础性、原创性研究开发。制定科普展品和教具的技术规范，鼓励和引导一批科研机构、大学、企业等社会力量开展科普展品和教具的设计和研究开发。

（一）构建科学传播体系

科学技术作为生产力的作用，在现代社会是逐步显现的。比如，造船技术、指南定向技术、测量技术等的发展推动了地理的大发现，而地理大发现促进了地球科学、天文学、航海学、天气预报学以及造船技术的发展，还促进了欧洲的资本原始积累和世界市场的出现，甚至现在全球化的概念都可以追溯到地理大发现时期。又如，牛顿力学奠定了工业革命的力学基础，以蒸汽机的发明为标志的工业革命开启了工业社会的序幕。再如，麦克斯韦方程奠定了电磁学的基础，促进了电气化和通信业的发展，照亮了人类前行的道路，使人类开始进入电气化时代。

科学技术的进步，推动着人类社会的动力系统从人力、畜力、水力逐步向蒸汽机、内燃机、电动机等方向发展，为人类社会的进步不断注入新的动力。科学技术每一次重大的进步，都对社会生产力产生了巨大影响，给人类的生产和生活带来难以估量的变革。

20 世纪以来，科学技术已经成为第一生产力。爱因斯坦的光电效应理论推动了激光、通信产业的发展；原子理论的发展导致核能的军用和民用；固体物理学的发展，导致半导体、晶体管、集成电路、磁存储材料、计算机技术，还有超导以及太阳能电池等产业的发展；建立在孟德尔、摩尔根基因理论基础上的育种理论，导致农作物品质的优化和产量的大规模提高；维纳的控制论为当代工程技术奠定了理论基础，并催生出智能生产线，科学以前所未有的深度和速度促进了技术的创新和突破。在当今世界，任何重大的科技创新都离不开科学创新的支撑，技术的进步为生产力和科学创新提供了新的手段与动力，两者的作用是相辅相成的。

科学也改变了人们的世界观。牛顿力学对物质及其运动规律的认识，促进了唯物论和辩证法的产生和发展，并且成为欧洲启蒙运动的思想基础；达尔文进化论揭示出生命发生演化的规律，颠覆了西方人长期信奉的神创论；基因结构与功能的发现，揭示了生物的生殖、发育、遗传、变异的分子基础及变化规律；数学和系统科学揭示了事物复杂表象底下的从量变到质变的规律和自然的数量与形态韵律；相对论、量子论深化了人们对快速变化的微小物质世界的认识；天体物理和宇宙大爆炸理论的提出则改变了人类的宇宙观。

科学改变了人们的价值观。科学研究表明土地等自然资源和生态环境容量都是有限的。知识经济的发展又证明，单纯依靠资本和熟练劳动无法保持竞争力，知识成为创造新财富的核心与基础。创新已经成为一个国家、地区和企业兴旺发达的不竭动力。知识已经成为当今世界取之不尽、用之不竭的资源。当然其关键还是创造知识的人，以科教兴国为己任，以创新为民为宗旨，应该是中国当代科技工作者的价值观的核心。

在知识经济时代，科技的价值内涵还在不断扩大。科学技术是对客观世界系统的认识，是正确的世界观、认识论和方法论的基础；是工程和管理创新的源泉与基础；是第一生产力；是经济健康持续发展、社会和谐进步的知识基础和根本的支撑；也是公共安全和国家安全能力的保障。

科学技术是先进文化的重要组成部分，也是重大决策和立法的重要依据，是创造就业和解决贫困的重要手段，是科学教育和终身学习的主要内容，是人类生存与发展以及人与自然和谐相处的基石，是人类文明可持续发展的不竭动力，更是人类文明永不枯竭、不断发展的最重要资源。

科学技术还改变了人们的发展观。地球科学的进展在消除了人类对于自然的恐惧的同时，也告诫人类地球系统的复杂性和脆弱性，警示人类：我们只有一个地球，要爱护这个地球。环境科学的发展，揭示出自然环境的承载力是有限的，有些破坏是不可逆的，人类应该"敬畏"和尊重自然。科学的进步提出了可持续发展的思想，使人类的发展观经历了从认知自然、开发自然到与自然和谐协调发展的进化。

（二）增加科学传播内容

在科普宣传中，增加科学传播内容的关键在于将科学知识以易于理解、有趣且吸引人的方式呈现给公众。

1. 选择合适传播渠道

根据目标受众的特点选择合适的传播渠道，如电视、广播、互联网、社交媒体、户外广告等。同时，要充分利用新媒体的优势，如微信公众号、微博、抖音等平台，提高科学传播效率和覆盖面。

2. 使用通俗易懂语言

避免使用过于专业和晦涩难懂的术语，正如霍金所言："只要多一个公式，就会少一半读者。"用通俗易懂的语言和生动的例子解释科学原理和现象。这样有助于拉近科学与公众的距离，提高传播效果。

增加故事性和趣味性：将科学知识融入有趣的故事情节中，使公众更容易理解和记忆。例如，通过讲述科学家探索未知领域的经历、科学发现背后的故事等，激发公众的好奇心和探索欲望。

3. 利用视觉元素素材

利用图表、图片、视频等视觉元素辅助文字说明，增强视觉冲击力。这些素材可以直观地展示科学原理和现象，降低理解难度，提高公众的阅读兴趣。

互动体验和实践操作：通过设置科学实验、互动游戏等形式，让公众亲身体验科学原理和现象。这种互动体验能够激发公众的参与热情，加深对科学知识的理解和记忆。

结合时事热点和现实生活：将科学知识与当前时事热点、社会问题相结合，使科普宣传更贴近现实生活。例如，在环保主题下探讨气候变化与人类活动的关系，在健康主题下介绍新型医疗技术等。

4. 培养科学传播人才

加强科学传播人才的培养和管理，提高他们的专业素养和传播能力。通过举办培训课程、学术交流等活动，鼓励科学传播人才不断创新和进步。

建立反馈机制：建立有效的反馈机制，收集公众对科普宣传内容的意见和建议，不断优化和完善科普宣传的内容和质量。通过与公众的互动和沟通，更好地满足他们对科学知识的需求。

跨学科整合：尝试将不同学科的知识进行整合，提供全面、系统的科学知识体系。例如，将物理学、化学、生物学等多学科知识融合在一起，帮助公众更全面地理解自然世界。

强调实践应用：强调科学知识的实践应用价值，让公众认识到科学对日常生活和社会发展的重要性。通过介绍科学技术在生产生活中的应用案例，激发公众对科学的兴趣和热情。

在科普宣传中增加科学传播内容需要注重内容的通俗易懂、有趣性和互动性等方面。同时，要充分利用新媒体渠道和跨学科整合等手段，提高科普宣传的覆盖面和影响力。

（三）开设科普专题栏目

媒体开设科普专题栏目是提高公众科学素养和科学传播的有效途径。为了成功开设科普专题栏目，要采取一系列措施。

1. 明确栏目精准定位

要明确科普栏目的受众群体、主题内容和传播方式。例如，针对青少年群体，可以设置趣味性的科学实验和探索活动；针对成年人，可以介绍实用科学知识和技术应用。

2. 组建优秀专业团队

媒体需要招聘一批具备科学背景和传播经验的专业人才，负责策划、组织和执行科普专题栏目。团队成员需保持对科技发展的关注，不断更新知识储备，以保证栏目内容的时效性和准确性。

3. 策划丰富多彩内容

内容是吸引观众的关键。除了传统的科技新闻报道，还可以加入科学实验、专家访谈、科普讲座等形式。同时，结合社会热点和科技前沿，策划专题报道和系列报道，深入挖掘科技背后的故事。

4. 注重互动参与特点

科普栏目的成功与否不仅取决于内容质量，还与观众的参与度密切相关。媒体应通过线上和线下渠道与观众进行互动，如设置问答环节、举办科普竞赛等，激发观众的参与热情。

5. 多种手段呈现内容

在当今数字化时代，媒体应充分利用多媒体手段来呈现科普内容。例如，运用动画、视频、图表等形式辅助文字报道，使内容更加生动。

（四）提升科普内容质量

提升科普宣传质量对于增强公众科学素养、推动科技发展和科技成果应用具有重要意义。为了实现这一目标，可以从以下几个方面进行改进。

1. 内容创新与准确性

科普内容的质量直接影响宣传效果。在确保科学知识准确性的基础上，应注重内容的创新性和趣味性。通过引入与生活息息相关的实例、运用生动的比喻和形象的插图，使复杂的知识变得易于理解。同时，针对不同受众群体，提供差异化的科普内容，以满足不同层次的需求。

2. 传播渠道与多元化

随着科技的进步，科普宣传不应局限于传统的报纸、杂志或电视节目。要充分利用互联网和新媒体的优势，如社交媒体、短视频平台和在线直播等。这些渠道具有传播速度快、覆盖面广、直观生动的特点，有助于提高科普信息的传播效率。同时，通过与知名科普博主、专家合作，借助其影响力扩大宣传范围。

3. 注重互动性参与性

有效的科普宣传应鼓励公众参与和互动。通过线上问答、线下活动等形式，与观众进行实时交流，了解他们的需求和困惑，为他们提供有针对性的解答。此外，开展科学实验、科普讲座和实地考察等活动，让公众亲身体验科学的魅力，激发他们对科学的兴趣和好奇心。

4. 培养专业科普人才

拥有一支具备科学素养和传播技能的科普人才队伍是提升宣传质量的关键。加强对科普工作者的培训，提高他们的专业能力和传播技巧。同时，鼓励科研人员、教育工作者和科技企业员工参与科普活动，发挥他们的专业优势，为科普宣传贡献力量。

5. 及时根据反馈调整

为了持续改进科普宣传效果，建立有效的反馈机制是必要的。通过收集观众的意见和建议，了解他们对科普内容的接受程度和满意度。定期进行宣传效果评估，分析宣传活动的优点和不足之处，及时调整策略以提高宣传质量。此外，利用数据分析工具，了解观众的兴趣和需求变化，为制定更有针对性的科普内容提供依据。

6. 强化合作资源共享

加强与其他科普机构、科研机构、企业和媒体的合作，实现资源共享和优势互补。通过共同策划和组织科普活动、联合发布科普内容等形式，提高科普宣传的声量和影响力。

提升科普宣传质量需要从多个方面入手，包括创新内容、拓展传播渠道、促进互动参与、培养专业人才、反馈与评估以及强化合作与资源共享等。通过持续地努力和改进，我们能够提高科普宣传效果，更好地满足公众对科学知识的需求，推动科技的发展和应用。

第二节　发挥媒介作用

随着科技的迅速发展和全球化进程的加速，科普宣传在提高公民科学素质、促进科技创新和经济社会可持续发展方面发挥着越来越重要的作用。在新时代背景下，加强科普宣传工作，更好地满足人民群众对科学知识的需求，是一个值得深入探讨的课题。

（一）传统媒体重要作用

广播电视、网络平台、报纸杂志、电影演出、科普图书等传统的科普宣传方式往往过于单一，缺乏互动性，难以吸引公众的关注。因此，加强科普宣传的首要任务是创新宣传方式，提高互动性和参与感。可以采用以下几种方式。

科普展览：通过举办各类科普展览，将科学知识以生动、直观的形式呈现给公众，增强其对科学的兴趣和理解。在展览中，可以运用多媒体、虚拟现实、增强现实、混合现实等技术手段，提高观众的参与度和体验感。

科普活动：组织各类科普活动，如科学讲座、科技竞赛、科普讲解、科学实验、科普夏令营等，让公众亲身参与其中，感受科学的魅力。此外，可以通过开展线上科普活动，扩大科普宣传的覆盖面和影响力。

科普影视作品：创作优秀的科普影视作品，通过故事情节和视觉效果，将科学知识传递给观众。

在新时代背景下，科普宣传对于提高科普能力、推动科技创新和经济社会可持续发展具有重要意义。

（二）构建新型传播体系

加强科普宣传需要全社会的共同参与和努力，构建多元化、立体化的科普宣传体系至关重要。政府应加大对科普宣传的投入和支持力度，制定相关政策法规，推动科普事业的发展。同时，应鼓励企业、高校、科研机构等参与科普宣传，形成全社会共同参与的良好氛围。此外，应加强国际科普合作与交流，借鉴国外先进经验，提升中国科普宣传的整体水平。

科普宣传工作者是科普宣传工作的中坚力量，提高其素质和能力是加强科普宣传的关键。应改善科普宣传工作者知识结构，吸收理工科毕业生。加强对科普宣传工作者的培训和教育，提高其科学素养和传播能力。同时，应注重培养科普宣传工作者的创新意识和实践能力，鼓励他们探索新的科普形式和手段。此外，应建立健全科普宣传工作者的评价激励机制，激发他们的工作热情和创造力。

科学技术部等八部门2007年发布《关于加强国家科普能力建设的若干意见》。中央宣传部等加强科普宣传的意见。鼓励科普创作，奖励全国优秀科普作品。

（三）发挥主流媒体作用

随着信息时代的快速发展，科学传播在推动社会进步中扮演着越来越重要的角色。在新时代背景下，主流媒体作为信息传播的主要渠道，在加强科学传播方面具有不可替代的作用。

1. 深入挖掘科学新闻价值

主流媒体应深入挖掘科学新闻的价值，关注科技前沿动态，及时报道科技创新成果。通过对科学新闻的深入报道，帮助公众了解科学发展的最新动态，激发他们对科学的兴趣和好奇心。同时，主流媒体应注重科学新闻的通俗性和趣味性，以易于理解的方式呈现科学知识，让公众更好地理解和接受。

2. 强化科学传播社会责任

主流媒体在科学传播中应强化社会责任，关注社会热点问题，结合科学知识进行解读和引导。针对环境保护、公共卫生、食品安全等社会热点问题，主流媒体应及时发出权威声音，用科学知识澄清谣言和误解，维护社会稳定和公众利益。同时，主流媒体应积极参与公共科普活动，推动科学普及工作的深入开展。

3. 科技传播双向合作交流

主流媒体应加强与科技界的合作与交流，建立长期稳定的合作关系，共同推动科学传播事业的发展。通过与科技界的合作，主流媒体可以获得更多的一手资料和专家解读，提高科学传播的质量和权威性。同时，主流媒体可以邀请科技专家参与节目制作和采访，让公众更直接地了解科学家的研究成果和思想观点。

4. 创新科学传播方式手段

在新时代背景下，主流媒体应不断创新科学传播的方式和手段，以满足公众多样化的需求。除了传统的电视、广播和报纸等媒介，主流媒体还可以利用新媒体平台如微博、微信、短视频等开展科学传播。通过创作科普文章，制作视频、动画等形式多样的内容，让公众在轻松愉快的氛围中学习科学知识。同时，主流媒体应注重与公众的互动，及时回应公众的疑问和反馈，提高科学传播的互动性和参与感。

5. 提高从业人员素质能力

主流媒体应加强对员工的培训和教育，提高其科学素养和传播能力。科学传播工作者不仅需要具备基本的科学知识，还应具备良好的沟通能力和创新思维。通过定期组织培训和学习活动，鼓励科学传播工作者不断更新知识结构，探索新的传播方式和手段。同时，主流媒体应建立健全评价激励机制，对优秀的科学传播工作者给予表彰和奖励，激发他们的工作热情和创造力。

加强科普宣传的效果评估与反馈机制是提高科普宣传质量的重要保障。应建立健全科普宣传的效果评估体系，通过科学的方法和手段对科普宣传的效果进行客观、公正的评价。同时，应注重收集公众对科普宣传的反馈意见和建议，及时调整和完善科普宣传的内容和形式。此外，应将科普宣传的效果评估与反馈机制纳入整个科普事业的发展规划和管理体系中，确保其持续、健康地发展。

加强新时代科普宣传是一项系统工程，需要全社会的共同参与和努力。只有不断创新理念、丰富内容、拓展渠道、完善机制，才能让科普宣传真正发挥出应有的作用，为建设世界科技强国作出更大的贡献。

第三节　创新传播方式

当前，科学普及与科技创新前所未有地紧密联系在一起，其发展水平一定程度上决定着一个国家的物质文化水平和民族创造能力，迫切需要树立"抓科普就是抓创新，抓创新必须抓科普"的理念。科普也要在科技创新日益加速的背景下，加快自身创新，适应科技创新快速发展的需求，实现两者协调发展，相互促进。

（一）更新科学传播理念

政府科技、教育等行政管理部门要更新科技意识，将科学传播能力作为科技人员科研能力的重要组成部分，纳入科技人员的评价考核指标体系中，作为职称评定、绩效考核、科技项目等申请立项、验收及评奖的一项指标，才能从根本上扭转科技人员重科研、轻科普的现象，纠正科技人员认为科普是软任务、水平低的态度及改变其觉得科普是可做可不做的习惯。科学家、科技工作者、教育工作者应将科普作为应尽的职责和义务，身体力行从事科学传播工作。

增强科学传播能力培养和培训。在我国的高等教育中，应将科学传播课作为大学生的必修课，包括文科学生、艺术类、体育类等专业学生都要接受科学传播教育，具备基本的科学传播能力。科研机构、学校、党政机关和企业要重视对科技人员、教师、公务员、领导干部、管理工作者等科学传播能力的培训，按照《中国公民科学素质基准》针对不同学科、专业特点开展专项培训，使每位科技人员、教师、公务员、领导干部、管理工作者等都具备基本的科学传播能力，掌握必要的科学传播方法和技巧，从而承担起向公众普及科学技术知识和方法的责任。

（二）创新科学传播方法

随着公众科学技术水平和素养的不断提高，科学传播方法和手段面临着转型的迫切需求，需要学习掌握和灵活运用多种科学传播形式，概括起来，主要有以下几种形式。

1. 体验式科普

让公众成为科普活动的参与者，亲身体验，动手做，共同完成科普活动，会激发公众的兴趣和热情，可加深其对相关科学技术知识和方法的理解与掌握程度。北京市、上海市率先在这方面进行了探索和尝试，科普活动中开始去掉展板，增加实物展品，让公众可以动手操作、制作，给他们不同的体验机会，激发公众的参与欲望，取得了良好的效果。科学技术知识和方法通过参与体验方式进行，效果远胜于单纯式科普讲座及只许看不许动的参观式活动。

2. 简单式科普

科学传播只有以简单的内容和形式开展，才能吸引更多人群参与。能够将科学技术知识深入浅出地讲清楚并不是一件容易事，欧阳自远院士曾指出："真正的科普，科学家做效果更好。"他本人也一直坚持这样做。科普内容切忌过多地使用专业术语和长篇大论，而应以易于公众理解、接受的方式进行。科普图书（包括电子书）、文章的文字和语言要大众化，立足初中以上文化程度的人理解和接受。介绍科学技术知识的文字介绍一定要简短、简洁，以 140 字为宜，无须占用受众较大精力或较长时间，仅利用其碎片时间即可。

3. 图片式科普

耳听为虚，眼见为实，恰恰道出了人们获取信息与知识时的偏好，通过照片、绘画、漫画等图像的科普更容易为人们所接受。特别是文化水平较低人群、年幼者、老年人群等。图片的直观形式可以缩短人们学习科学新知识的时间。一部好的科普书一定是配有大量照片、绘画、漫画。近年来报纸、杂志开始刊登彩色科学照片、绘画、漫画等，为科普增添了新平台。例如，中国科学报刊登的美国科学基金会的"科学此刻"（Science Now）照片十分精彩，图文并茂。正所谓"一图胜千言"，科技日报、科普时报等科技类报刊登载科学照片、绘画、漫画等也收到了很好的效果，并正在被更多的报刊、网站效仿。生态环境部、北京市举办了科普摄影、漫画大赛，对促进科普作品创作起到了很好的导向作用。

4. 游戏式科普

人们在紧张的工作、生活之余，特别是周末和假期期间，往往是放松的时刻，心情较好，科普活动要抓住这个时机，设计轻松、快乐的形式和内容，通过游戏吸引人们参与，分享科学技术带给人们的便利和益处。组织或传播者要尽量使用幽默、风趣的语言和形式，将科学技术知识和方法植入于游戏中，让参与者自己感悟和理解相关知识与方法，寓教于乐。例如，北京索尼探梦馆通过传感器、摄像头、NFC 近场技术、

APP 应用等技术体验的游戏形式让观众认知移动智能科技，观众可深入了解智能手机是由哪些装置构成的，感受加速度传感器、陀螺传感器等传感器如何协调工作，亲自体验应用程序有哪些奇妙功能以及它们带来的乐趣。上海市科技节期间，上海市消防局在主会场设立了公众使用灭火器的活动，通过参与者亲自使用灭火器，用正确的方法灭掉点燃的明火的方法来普及消防知识，深受人们喜爱，现场排起的长队就是最好的证明。

5. 网络式科普

新媒体借助手机成为影响力最大的媒介之一。截至 2023 年底，中国的网民数已超过 10.92 亿人，而手机已成为人们使用频率最高的媒介工具，其影响力超过电视，对青少年人群的影响力更大。科学传播借助新媒体可以增加大量受众，显著提高科学传播效果。目前，微信、电子书、微博、微电影、微视频、移动电视、移动互联网等新媒体形式不断涌现，为人们工作和生活带来了极大的便利，增加了愉快、轻松、便捷的科普途径。如今每个人均可参与科学传播之中，同时，新媒体科普又可满足人们个性化的科普需求，及时提供人们所需的科学技术知识及专业帮助。

6. 艺术式科普

19 世纪法国著名的文学家福楼拜说过："越往前走，艺术越要科学化，同时科学也要艺术化。科学与艺术就像不同方向攀登同一座山峰的两个人，在山麓下分手，必将在山顶重逢，共同奔向人类向往的最崇高理想境界——真与美。"科普根据表现形式可分为直接式科普和间接式科普。直接式科普我们使用得较多，相对也容易些。而间接式科普是指将科学技术知识及方法等借助小说、电影、电视、戏剧等非直接方式予以传播的形式。美国在这方面走在了前面，特别是第二次世界大战后，大量高新技术知识及产品被植入到了其文学小说、电影和电视剧的故事情节之中，传授、演示或表演给读者、观众、听众，并刻意显示科学技术的重要作用，在战争和探案故事中表现得尤为突出。在美国经济及艺术题材的影视剧中，罪犯更多的是使用计算机及网络技术，以各种专业技术方法及手段实施犯罪，警方同样也是技术高手，其破案主要也是依靠专业技术手段和网络技术辅助获取证据、缉拿罪犯的。例如，前几年在美国热播的电视连续剧《别对我撒谎》（lie to me）是一部以心理学为主题的电视剧，于 2009 年 1 月 21 日首播于福克斯电视网。剧中，卡尔·莱曼博士和吉莉安·福斯特博士利用脸部动作编码系统（Facial Action Coding System）分析被观察者的肢体语言和微表情，进而向他们的客户（包括 FBI 等美国执法机构或联邦机构）提供被观测者是否撒谎等分析报告。片中的主要故事情节来自美国心理学专家保罗·艾克曼博士，其主要研究方向为人类面部表情的辨识、情绪分析与人际欺骗等。

清华大学美术学院与中国科技馆 2012 年 10 月举办了"国际科学与艺术展"，展示了一批科学家和艺术家的科学艺术作品及制作的艺术科学展品，充分展示了科学与艺术融合的魅力，时任全国政协副主席、科学技术部部长万钢专程前往参观并大加赞赏，认为是科学与文化融合的好形式。2013 年 9 月，上海也举办了"上海国际科学与艺术展"，吸引了众多上海市民参观。我国目前这方面的人才还很稀缺，文艺创作人才科技背景不够，科技人员文学功底不强，需要两者合作，相互融合、合作创新。同时，随着我国高等教育的普及化，一些理工科背景的年轻人投身文艺创作，有望在这方面取得突破。

7. 名人式科普

名人由于其高影响力，从事科学传播等活动时，往往会成为科普活动的亮点，吸引众多参与者，从而在社会上产生很大的影响。院士、著名科学家从事科普的带动效应是很强的，值得在科普活动中提倡和推广。孙家栋院士、欧阳自远院士、钟南山院士是这方面的典范，他们身体力行，从事航天、健康方面的科普活动，带动了其他科技人员和年轻科学家参与科普活动。

（三）启动科普精品工程

针对我国缺少科普精品的现状，尽快启动科普精品工程，对提升我国科普创作水平，提高国际影响力具有重要作用。

1. 科技计划增加科普任务

科普受益面很广，传播力强，国家各类科技计划应将科普内容纳入其中，予以必要的支持，满足和服务于科普事业发展的需要，支撑科普产业发展。经济发达地区和大城市科技计划应该单独设立科普计划项目。北京、天津、上海、重庆、广州等地已经设立了科普计划项目，为城市经济社会快速发展和建设创新型城市提供了有力支撑。北京、上海能成为 GDP 率先超过 4 万亿的城市，可能与重视科普存在一定关系。科普与创新协调发展，才能促进公众科学素质的提高，从而为城市协调发展打下坚实的社会基础。生态环境部、自然资源部、中国地震局、中国科学院、国家林业和草原局、中国科协均立项支持了一批科普创作项目，不断为公众提供科普精品等优质科普资源。

2. 精准制定科普作品标准

政府科普行政管理部门要加快制定科普作品标准，正确导向科普创作形式与风格。科普作品必须通俗化、简单化、图文化、小型化，便于人们携带，方便人们阅读和收听。

科学技术知识相对较为枯燥，所以要吸引读者、公众，科普作品必须进行艺术加工，文字要优美、节目要精彩、增加幽默感和戏剧性。北京大学出版社出版了《分子共和国》《物理学之美》等书籍。中国科学院院士、深圳华大基因研究院主席杨焕明的《"天"生与"人"生：生殖与克隆》，用科学、生动、有趣的语言和大量图片诠释生殖与生育、克隆与"克隆人"的诸多问题，文笔优美，荣获了国家科学技术进步二等奖科普作品奖。

有选择地使用不同传播方式。科学传播要区别各类人群，根据科学技术知识和方法的特点，使用不同的方式和形式，才能收到理想的效果。对于农民、老年人、边远贫困地区和少数民族地区居民可多采用传统传播方式和大众传统媒体。对未成年人、社区居民、公务员、领导干部则可多种方式并用，优先使用网络式、名人式、艺术式科普，将起到事半功倍的效果。

3. 坚持科普服务公益属性

保持低成本方向，面向广大公众提供物美价廉的科普产品与普遍服务。在2013年9月17日全国政协教科文卫委员会召开的科学素质座谈会上，许多政协委员表示目前的科普图书价格太高，学生和普通家庭买不起，他们举例说，新出版的《十万个为什么》（第六版，共18册）丛书，印制精美，售价接近千元，还不单册售卖，能自己花钱买的人不多。据《人民日报》报道，这套书第一次印刷了3.5万册，除赠送外，销售了 3 万册左右，相对于中国的 14 亿人口来说，实在是极少量。科普书籍不同于科技学术著作，销量不大很难称为是一部优秀的科普作品，这也应该成为科普图书评选、评奖的必要指标。国家更应该支持出版一些简单的科普精品读物，售价应以普通人能够接受为宜，20 ～ 30 元最好，国家也应予以税收减免，甚至资助出版像新华字典式的科学技术知识基础读物，保证每个小学生人手一册。未成年人是科普、科学素质工作的重点人群，科学传播要从创作出版优秀未成年人科普作品做起。

4. 启动科普精品示范工程

2011 年开始，科学技术部会同中宣部、文化部等部门启动了国家文化科技创新工程，着力提升文化产品及服务的科普含量。中国科协也于 2012 年启动了科普创作示范团队建设，支持科普创作与产品研发示范团队。

5. 做好应急科普资源储备

气候变化、环境恶化对人们生活带来的影响愈加凸显，生产安全和公共安全事件的频发威胁着人们的健康和安全。科普必须加强相关专业科普知识和人员的培养，开展经常性的演习来传播普及相关知识和方法，同时借助科技新成果提高人们的防范能力。日本作为地震频发的国家，其建筑的抗震标准很高，大多可以抵御 8 级地震。日本政府经常组织应急避险演习，提高人们防险和求助能力。日本地震预警及时，许多地区可以在震前 30 秒左右发出警报。我国 2013 年 4 月 20 日发生雅安地震时，成都一家被国家科技型中小企业创新基金资助的民营高新技术企业就成功地在十几秒前发出了警报，并通过手机短信通知了几万名会员。

6. 提高科普传播人员地位

改善和提高科学传播工作，政府相关部门必须树立正确的科学理念，更新科技人才观念，增强科学传播的意识，将之作为科技工作必不可少的重要内容。科研机构、大学的领导、院士、学术带头人、首席科学家、各类人才计划入选者等首先要带头做科普，身体力行地传播科学技术。同时将科普绩效纳入对科技人员的评价考核指标之中，增加一定的比重。

科学传播是新时代科普工作的重点任务，科普是在为科技创新培育肥沃的土壤，是政府部门、社会组织和媒体等社会各界的共同义务和责任。做好新时代的科学传播必须综合运用多种科学传播方式、各类媒介，最大限度地普及科学知识，弘扬科学精神。

（四）突出新时代特点

在新时代，科学传播对于提高公众科学素养、推动科技创新和文明进步具有重要意义。然而，传统的科学传播方式已经不能满足人们多样化的需求。因此，创新科学传播方式势在必行。

1. 注重个性化传播

随着社交媒体的普及，人们更容易根据自己的兴趣和需求获取信息。因此，科学传播应注重个性化，根据受众的特点和需求，提供定制化的科普内容。例如，通过智能算法分析用户的兴趣和行为，推送相关的科学资讯、科普视频等，提高科普信息的针对性和接受度。

2. 利用新媒体平台

新媒体平台如微信、微博、抖音等具有广泛的用户基础和强大的传播能力。利用这些平台开展科学传播，可以迅速扩大覆盖面，提高影响力。例如，通过微博大 V、抖音科普账号等发布科普内容，借助其粉丝基础和平台推荐机制，让科普信息迅速传播。

3. 加强跨界别合作

跨界合作可以充分发挥各方优势，拓展科学传播的领域和渠道。例如，与影视、教育、艺术等领域合作，共同策划科普节目、科普展览等，通过多种形式展示科学的魅力。此外，与科技企业合作，利用其技术优势和资源，共同推进科学传播的创新发展。

4. 强化互动参与性

互动参与是提高科学传播效果的重要手段。通过线上问答、线下活动等形式，与受众进行实时互动，解答他们的问题和困惑。例如，开展"科普挑战赛"等活动，鼓励公众参与科普创作和分享，让他们成为科学传播的主体。此外，借助虚拟现实、增强现实等技术，让受众亲身体验科学的乐趣，提高他们的参与度和兴趣。

5. 培养高素质人才

培养具备科学素养和传播技能的科普人才是创新科学传播方式的关键。要提高科普工作者的准入门槛，改善科普人才知识结构。加强科普工作者的培训和教育，提高他们的专业能力和传播技巧。

6. 发挥科学家作用

科学传播是一项需要广泛参与的事业，除了政府机构和媒体，在科学传播中，要注重科学伦理的宣传和教育。弘扬科学家精神，科学传播工作者要遵循科学道德规范，尊重科学事实和证据，避免传播虚假信息和误导公众。同时，要引导公众正确认识科技发展带来的伦理问题，提高他们的科学伦理意识和素养，促进科技与社会的和谐发展。

7. 传播内容通俗性

传播内容是科学传播的核心，需要不断创新和丰富。要注重传播内容的科学性、准确性和趣味性，用通俗易懂的语言和生动的例子，让公众更好地理解科学知识。同时，要关注科技前沿动态和社会热点问题，及时传递最新的科学进展和科技成果，增强公众的科学意识和素养。

创新科学传播方式需要从多个方面入手：注重个性化传播、利用新媒体平台、加强跨界合作、强化互动参与、培养专业科普人才、发挥科学家作用、创新传播内容。通过不断创新和完善更好地满足公众对科学知识的多样化需求，满足公众对美好生活的向往与追求。

（五）拓展科学传播渠道

科普宣传的定位应该是以提高公民科学素质为核心，以服务科技创新和经济社会可持续发展为目标。在实践中，应将科普宣传与科技创新、教育改革、文化传承等相结合，形成多元化、立体化的科普宣传体系。同时，要注重科普宣传的公益性和普惠性，确保广大人民群众都能享受到科普宣传的益处。

随着科技的快速发展和信息时代的到来，科普宣传在促进科技创新和经济社会可持续发展方面发挥着越来越重要的作用。

在内容上，应注重科学性、通俗性和趣味性，以人民群众喜闻乐见的形式呈现科学知识。例如，可以结合社会热点和科技前沿，推出系列科普文章、视频、动画等作品，让公众了解最新的科技进展和科学原理。

在形式上，应充分利用现代科技手段，如虚拟现实、增强现实等，为公众提供沉浸式的科普体验。同时，应鼓励公众参与科普创作，提高科普宣传的互动性和参与感。

传统的科普宣传方式如科普讲座、科普展览等，虽然有一定效果，但已无法满足现代人的需求。因此，我们需要不断创新科普宣传方式，以吸引更多公众的关注和参与。科普内容在新媒体上更吸引公众，可以从以下几个方面着手。

1. 注重趣味性和故事性

将复杂的科学原理以生动有趣的故事形式展现，使公众在轻松愉快的氛围中接受知识。同时，可以融入一些幽默元素，缓解科普的严肃性，增加内容的趣味性。

2. 利用新媒体的新优势

采用多样化的呈现方式。例如，制作短视频、动画、图解等，以直观、形象的方式展示科学原理，降低理解难度。同时，结合音频、文字、图片等多种元素，丰富科普内容的表达形式，提升公众的阅读体验。利用新媒体平台，借助互联网和移动通信技术的发展，利用微博、微信、抖音等新媒体平台进行科普宣传，有效提高科普宣传的效率和影响力。

3. 开发科学益智型游戏

将科学知识融入游戏中，通过寓教于乐的方式吸引公众参与。这种方式能够提高公众的学习兴趣和积极性，使其在游戏中轻松掌握科学知识。通过举办科普创意大赛，鼓励公众发挥创造力，提出新颖的科普宣传方案。这不仅能够激发公众的参与热情，还能为科普宣传工作注入新的活力。

4. 加强互动性和参与性

通过设置问答、投票、讨论等互动环节，引导公众积极参与科普活动，增强他们的参与感和归属感。同时，及时回复公众的留言和评论，与他们进行互动交流，建立良好的用户关系。

5. 关注热点话题和新闻

结合当下社会热点和公众关注的问题，策划相关科普内容。这样既能引起公众的共鸣和关注，又能传递科学知识和价值观。

6. 科普内容的精准推广

根据目标用户的属性和兴趣，选择合适的科普投放方式，将科普内容推送给更多潜在受众。同时，与科研机构、专家学者、媒体等进行合作，共同推广科普知识，提高传播的权威性和可信度。

科普内容在新媒体上吸引公众，需要注重趣味性、多样化、互动性、时效性和精准性等方面。只有不断优化科普内容，提高传播效果，才能更好地满足公众对科学知识的需求，推动科普事业的发展。

（六）科学传播论坛沙龙

1."格致论道"科学文化讲坛

"格致论道"，原称"SELF 格致论道"，是中国科学院推出的科学文化讲坛，由中国科学院计算机网络信息中心和中国科学院科学传播局联合主办，中国科普博览承办。致力于非凡思想的跨界传播，旨在以"格物致知"的精神探讨科技、教育、生活、未来的发展。格致论道定位于"精英思想的跨界交流"，鼓励各界精英"从旁观者的角度看其他领域的发展"，期望聆听诸如科学家眼中的文化艺术，艺术家眼里的科技和社会经济，企业家眼里的教育和人生哲学。让思想跨越行业界限，打破领域围墙，实现无边界的碰撞和交流，启迪未来的创新和发展。格致论道尝试打破过去纯粹以"知识传播"为主的科普形式，专注于思想的传播，力图从思想的源头上促进公众参与科学的积极性。至今已经举办上百场活动，深受各界人士欢迎，具有很高的社会知名度和吸引力。

2."科学咖啡馆"科学沙龙

"科学咖啡馆"是创办于中国科学院物理所的科学沙龙。自 2016 年 2 月开始，每月一期的"科学咖啡馆"已经成了物理所人气颇旺的科普品牌，其小而精的运作模式在当下的大众科普传播领域显得十分别致。每期定向邀请 30 ～ 50 个左右的参与者，人人都可充分表达，让这个颇具创意的科普沙龙取得了超乎意料的效果。"科学咖啡馆"的概念最初出现在 20 世纪末的英国，它指的是在非正式场合下科学家进行面对面的交流活动，科学家与不同领域的人士进行交流，咖啡馆只是场所之一。这一活动的目的是让非科学家参与有关科学和技术发展的对话和决策，而我国的"科学咖啡馆"更进一步，是有计划、有组织地安排不同学科的科研人员，以及对科学感兴趣并有一定见解的社会各界人士代表，进行漫谈式的聚会。这是一个新思想、新知识、新信息、新动态交流的场所，让不同领域的科学家形成互相沟通、学习的习惯，并在社会上营造理解科学、传播科学的氛围。

目前为止，"科学咖啡馆"已经进行了 79 期，主讲人和嘉宾名单仍在不断更新扩大。"科学咖啡馆"的高品质，吸引了很多科学家的主动参与，并且产生了不小的社会影响力。

第十章

国际科普概况

全球众多国家在科技创新领域取得了显著成就，成为科技强国。在科学普及方面，这些国家同样走在世界前列，积累了丰富的经验和成熟的做法。所谓"他山之石，可以攻玉"，学习和借鉴其他国家科普发展的成功经验，对于提升中国科普水平具有重要意义。

　　本章列举了 21 个国家的科普情况，包括科普相关的政策、科普设施、科普活动和科普作品等。

第一节　欧洲主要国家

欧洲国家普遍重视科学普及，面向公众开展了一系列科学传播活动。英国自 1831 年开始举办"科学节"，组织各种科普活动，欧盟于 1993 年开始举办"欧洲科学周"，各成员国也相继举办类似活动。

（一）英国

英国是科学技术普及的发祥地，孕育了悠久的科学传播历史和优秀的科学传播文化，科学研究与科普相辅相成，相得益彰。历届政府都将科普工作纳入其职责范围，给予大力支持。通过科普场馆、科普活动和科普教育等多种方式，英国成功地推动了科学知识的普及和传播，激发了公众对科学的兴趣和热情。1985 年，英国皇家学会发表《公众理解科学》报告，随后政府成立公众科学理解委员会，促使科技人员更主动承担科普工作。英国的科普呈现出：科学传播—公众理解科学—公众参与的格局，强调双向交流。

1. 科普政策

英国工业与贸易部科学技术办公室负责管理和实施科普工作。2014 年 3 月发布《英国社会与科学章程》，从战略承诺、实施与实践以及评价与影响三个方面对科学传播提出规范和要求。英国科学促进协会是规模最大的民间科普组织，在社会上影响十分广泛。各研究理事会每年有两次集中征集科学家开展科普项目活动的申请，到 2005 年改为全年接受科学家的申请，由科学家自己决定科普活动的形式和内容。

2. 科普场馆

英国有众多博物馆，大英博物馆、伦敦自然博物馆、维多利亚阿尔伯特博物馆、科学博物馆等享誉世界。例如，科学博物馆建立于 1857 年，汇集了 30 万件科技类实物，每年有 300 多万参观人次，其中 45 万为青少年，特色节目是"科学之夜"。这些场馆不仅收藏了丰富的文物和艺术品，还向公众展示了科学、技术和自然的奥秘。伦敦科学博物馆和自然博物馆是其中最有名的两个大型综合博物馆，它们已经成为英国日常科普活动的重要基地。

3. 科普活动

英国于 1831 年开始举办"科学节"，主要介绍科技成果和科技知识，举办科技活动吸引公众参与。如今，固定为每年 3 月举办"全国科学、工程和技术周活动"，10 月举办"科学节"。

爱丁堡国际科技节，始于 1989 年，是欧洲乃至世界上最大的科技节之一。它涵盖了动手制作、展览、演讲以及巡游等多种活动形式，吸引了来自世界各地的参观者。英国有许多杰出的科普人物，他们为科学知识的普及作出了巨大贡献。如达尔文、牛顿、法拉第等，他们的科学发现和研究成果不仅推动了科学的发展，也激发了公众对科学的兴趣。

4. 科普作品

图书是传统的科普载体，在有着全民阅读传统的英国，科普图书依然是主流之一。每年，皇家学会、亚马逊英国网站、好读书网站都会列出一些优秀科普图书目录。皇家学会自 1988 年以来，坚持每年评选科普图书奖，表彰年度优秀科普图书和作家。著名的获奖者包括比尔·布莱森和史蒂芬·霍金，以及最近的莎拉杰恩·布莱克莫尔教授等。专家评审小组包括著名的科学家、作家、记者和传媒人等。此外，BBC 纪录片享誉全球，分为自然、科技、文史三类，从科普角度看，最著名的当数"地平线"（*Horizon*）系列，已播出了 1200 多集。英国科普作品层出不穷，包括《鲸鱼、海豚和人》《生命的故事》《最后一个定理》和 DK 系列图书等。获得英国皇家科学院少儿科普读物奖的作品有《鼻涕为什么是绿色的》《动物的问题找费雪博士》等。

5. 科学教育

英国的科学教育非常注重实践性和互动性。许多学校和机构都会组织学生参观科普场馆，并参加科学实验和科技制作等活动，让学生在实践中学习和探索科学知识。

英国的媒体积极参与科学传播工作。许多电视节目、广播节目和报纸杂志都会定期推出科普内容，向公众介绍最新的科学研究成果和科技进展。

迈克尔·法拉第（1791—1867），英国著名物理学家、化学家，非常热心科学普及。他在担任皇家研究所实验室主任后，即发起举行星期五晚间讨论会和圣诞节少年科学讲座，并亲自在星期五晚间讨论会上讲演 100 多次，在圣诞节少年科学讲座上也持续了十九年之久。他的科普讲座深入浅出，配以丰富的演示实验，深受欢迎。

发达的国家大学常与企业合作，利用企业的资源和资金优势，开展科普活动。例如，英国剑桥大学与多家企业合作，共同推出"科学节"活动，向公众展示最新的科研成果和技术创新。

（二）法国

1. 科普政策

1982 年，法国《科研与技术发展导向与规划法》规定，研究人员必须参与科学传播工作。2004 年，法国启动"国家科技文化传播计划"，建立了科学工业城及多媒体图书馆，不断加大科普领域投入。法国的科普情况非常丰富多彩，无论是博物馆、科技馆的设立，还是科普活动的开展，都充分展示了法国对科普教育的重视和投入。

2. 科普场馆

法国拥有 1240 家主题各异的博物馆，其中有很多都致力于科学教育。比如维莱特公园内的"科学与工业城"，是法国最受欢迎的科学博物馆，也是欧洲最大的科普中心。另外，"法国发现宫"是一个以基础理论为重点的科技博物馆，拥有数学、物理、化学等多个专业的活动厅，观众可以亲身体验和操作各种科学实验。

3. 科普活动

法国非常注重科普活动的组织和开展，从 1992 年开始，每年 10 月举办"科学节"（最初为科学周，2000 年改为科学节）。节日期间会举办形式多样、内容丰富的科学活动，如展览、实验室开放参观、科研工作介绍、科学体验、研讨会、戏剧、科学沙龙等，每年约在法国上百个地区举行 3000 多项活动。比如，法国经常有关于"声音"和"气味"的科普活动，让观众在体验中了解知识；法国的博物馆还会举办各种临时展览和讲座，邀请科学家与公众交流。

4. 科普作品

法国著名科普图书有《法国经典科学探索实验书》《小问题大发现》，以及"法国巨眼丛书"——一套经典的、包罗万象的科普丛书。

5. 科学教育

法国政府积极推动科学教育。比如，他们曾经提出让 26 岁以下的欧盟青年人都可以免费参观法国的所有公立博物馆及其特展，这一举措大大促进了博物馆教育的发展。随着线上学习方式的普及，法国也在积极拓展线上科普教育，现在学生们可以通过网络与科学家、学术专家们交流，更直接地开展科学对话。

（三）德国

德国的科学活动早已深入社会生活的各个层面。自 19 世纪中期起，科学教育在德国开始走向系统化和职业化，形成了重视科技与教育的优良传统，其科学传播的方式和手段也在不断发展和变化。德国的科普工作非常活跃，其深度和广度都令人瞩目，这得益于众多的科普平台和机构、丰富多彩的科普活动、高质量的科普视频资源，以及积极参与科普工作的科学家们。这些因素共同推动了德国科普事业的蓬勃发展，有效提升了公众的科学素养，并促进了科学文化的广泛传播。

1. 科普平台

德国拥有众多科普平台和机构，如"与科学对话"组织，这是德国最主要的一家促进民众与科学界交流沟通的机构。德国国家科学传播研究所（Nawik）也为年轻的科学家们提供培训，帮助他们更好地与公众交流。此外，德国的许多大学还设立了"儿童大学"，这起源于德国蒂宾根大学的创新教育活动，旨在激发孩子对科学的兴趣。

2. 科普活动

德国经常举办各种科普活动，如科学展览、科普讲座等，旨在向公众普及科学知识，提高公众的科学素养。同时，德国的科学家非常注重科普工作，他们通过写科普博客、参与科普讲座等方式，将复杂的科学知识以通俗易懂的方式呈现给公众。例如，生物化学家托比亚斯·迈尔就是一位热衷于科普的科学家，他不仅是国家科学传播研究所的兼职"教练"，还通过写作研讨会、社交媒体研讨会等方式，帮助其他科学家更好地与公众交流。德国有许多杰出的科普人物，他们的科学发现和研究成果不仅推动了科学的发展，也激发了公众对科学的兴趣。

3. 科普作品

德国有很多科普图书，包括《超酷大脑》《动物小百科》等。德国的综合类科普期刊主要有《科学画刊》《奇奥》《P. M. 知识世界》《科学万象》等。

4. 科研机构开放

德国的国立科研机构在数据和成果的开放共享方面采取了多种措施。例如，马普学会和亥姆霍兹联合会等机构不仅向全球科研人员开放实验设备和研究成果，还积极与各大企业和高校开展合作项目。

（四）意大利

意大利的科普活动起源于文艺复兴运动，这一运动深刻影响了近代科学的产生和发展。伟大科学家为追求真理而献身的崇高科学精神，被认为是西方科技发展的强大内生动力。意大利为积极弘扬伟大的科学精神，传播灿烂的科技文化，开展了多种形式的科技文化传播活动。

1. 科普政策

意大利促进和鼓励科学技术文化。教育大学科研部推进科普场所的科技文化传播，发挥大学科技馆和植物园的科技文化传播功能，为学生参加课外科学实践活动提供便利，组织科技活动公开征集项目。

2. 科普活动

意大利的科普情况呈现出多元化、全面化、创新化的特点，通过举办科普活动、推动科技前沿领域发展、培养科普人物、丰富科普资源和建设数字科技馆等措施，不断提升公众的科学文化水平。意大利经常举办各类科普活动，如"无限未来"科技展，这种活动不仅展示了现代科技的最新成就，还巧妙地融入了古代科技的元素，满足了公众对不同科技知识领域的探索需求。此外，意大利的传统节日，如狂欢节（Carnevale），也常常融入科普元素。在这些节日的庆祝活动中，通过街头表演、艺术展示和文化活动，公众不仅能够享受到娱乐，还有机会了解到丰富的传统文化和科学知识。

3. 科学教育

意大利的教育体系非常注重教学与科研的结合，为培养科研人才提供了坚实的基础。公立学校在意大利的教育体系中约占 90%，私立学校约占 10%，均提供广泛的科学教育内容。意大利拥有众多杰出的科普人物，如物理学家卡洛·罗韦利、数学家克雷莫纳、获得诺贝尔奖的粒子物理学家卡洛·鲁比亚等，他们在各自的领域取得了卓越的成就，并致力于科普工作。

4. 科普场馆

意大利拥有众多科普场馆。例如，国立列奥纳多·达·芬奇科技博物馆位于米兰，展品 1.6 万件，是意大利最大的科技博物馆；伽利略博物馆位于佛罗伦萨，收藏展出 1000 余件珍贵实验设备和科学仪器；那不勒斯科学城也是意大利科普教育的重要场所，包括科学中心、人体博物馆。意大利还积极推动数字科技馆建设，利用虚拟现实技术、三维图形图像技术等先进的科学技术手段，将实体科学技术馆以三维立体的方式完整呈现于网络上，实现各馆间资源的整合，提高知识传播效率。

5. 科普作品

意大利优秀的科普图书众多，包括《我们的地球》和《达·芬奇的飞行器》等。大众科学杂志 *Focus* 是意大利销量最大的月刊杂志，为公众提供了丰富的科普信息和学习材料。

（五）俄罗斯

俄罗斯对科普教育的重视体现在其发达的科学文化教育体系中。该国不仅拥有积极参与科普的科技人员，而且大众对科技的理解也相当深入。俄罗斯的科普情况非常活跃和丰富，政府、组织机构和公众都积极参与科普工作，共同推动科普事业的发展。

1. 政府支持

俄罗斯政府通过颁布相关计划和政策，如"科学普及，科学技术和创新活动的计划（2019—2024）"，对科普活动给予大力支持。政府还拨出经费用于实施与科普相关的项目和计划，确保活动的顺利进行。自2000 年以来，俄罗斯还实施了"俄罗斯 2002—2005 年出版印刷资助计划"等，极大地促进了科普读物的出版和发行。

2. 科普组织

俄罗斯有多个组织和机构致力于科普工作，如科学院、教育部等。通过组织科普活动、展览和讲座等方式，向公众传播科学知识。

3. 科普场馆

俄罗斯拥有许多科普场馆。例如，达尔文国家博物馆，于 1907 年创立，是世界最大的科学中心，也是欧洲最大的自然科学博物馆。俄罗斯著名的科普场馆还包括莫斯科天文馆、俄科院菲尔斯曼矿物博物馆、娱乐科学实验博物馆、理工博物馆等。这些场馆为公众提供了学习和了解科学的场所，是科学教育的重要载体。

4. 科普活动和项目

俄罗斯经常举办各种科普活动和项目，如"NAUKA 0+"和全俄科学节等。这些活动吸引了大量公众参与，提高了公众对科学的兴趣和认识。科普活动中通常会展示各种科学主题和研究成果，如宇宙、物质、农业、工程等。同时，还会有一些互动体验项目，如开发水下机器人、展示北极独特的导航系统等，让公众能够亲身体验科学的魅力。

俄罗斯校园内经常举办科学实验展示活动，利用实验装置和仪器展示基础科学原理和现象。这些实验不仅生动有趣，还培养了学生的动手能力和实验技巧。俄罗斯经常举办机器人技术展览和比赛，学生可以通过编程为机器人编写指令，完成特定任务，这锻炼了学生的逻辑思维和编程能力。鉴于俄罗斯在航天科技方面的领先地位，航天科技展览也是常见的科普活动。学校会展示航天器模型，介绍航天科技的应用和成果，让学生了解航天对人类社会的贡献。环保科学活动在俄罗斯也颇受欢迎，这些活动旨在提高公众对环境保护的认识和意识。学生可以参与环保项目，学习环保知识和技能，为保护地球作出贡献。生命科学也是俄罗斯科普活动的重要部分。学校会举办讲座和实验，介绍生命科学的知识和应用。学生可以通过参与实验了解生物的结构和功能，培养对生命科学的兴趣。

5. 科普作品

俄罗斯出版了大量科普读物和杂志，涵盖各个科学领域的知识，为公众提供了丰富的科普资源。俄罗斯出版的科普期刊不下 500 种，比较著名的有《科学与生活》《知识就是力量》和《科学世界》。

6. 科学节

俄罗斯规定每年 2 月 8 日为"科学节"，每年 4 月的第 3 周为"科学周"。俄罗斯在推广和普及科学节与科普周活动方面采取了多种措施，包括设立固定节日、政府支持、组织机构的积极参与、多样化的活动内容、利用媒体和社交平台宣传、结合公众兴趣点以及注重青少年参与等。这些措施有效地提高了公众对科学的兴趣和认识，促进了科学知识的普及和传播。

（六）瑞士

瑞士作为一个科技创新的先锋国家，其科普事业的发展同样令人瞩目。瑞士不仅拥有先进的科普基地与设施，而且在科普教育与培训、科普资源的丰富性、国际合作与交流以及科研成果与发明方面均有卓越表现。这些要素共同促进了瑞士科普事业的繁荣，提升了公众的科学素养和创新精神。

1. 科普资源

瑞士拥有丰富的科普资源，包括图书、杂志、网络平台等，这些资源为公众提供了获取科学知识的便利途径。瑞士的科研机构也会定期发布科研成果和科普文章，向公众普及科学知识。同时，瑞士是国际科普合作的重要参与者，与许多国家和组织建立了广泛的合作关系，共同推动科普事业的发展。瑞士还是许多国际科研组织和机构的所在地，如欧洲核子研究组织（CERN）等，这些机构在推动国际合作和交流方面发挥了重要作用。

2. 科普场馆

瑞士科学中心位于苏黎世州的温特图尔，展览面积 6800 平方米，有 9 个常设展区、500 多件展品，还有占地 15 000 平方米的户外区域，放置了不少大型展品，以"体验现象"为核心，不同领域的科学知识在此交织，各种奇思妙想在此被点亮。瑞士拥有多个科普基地，如"神秘园"等，这些基地以普及知识与科学为宗旨，向公众展示目前尚不为人知的自然和人文现象，鼓励人们用科学的态度去探究这些奥秘。

3.科学教育

瑞士的科学教育非常发达,学校和社会团体经常组织各种科普活动,如科学讲座、实验展示、科普展览等,以提高公众的科学素养。瑞士的科研机构也会提供科普培训和指导,这些机构致力于培养优秀的科研人才,同时也为公众提供高质量的科学教育。

4.科研成果

瑞士在科研领域取得了许多重要成果,不仅推动了科技进步,也为科普工作提供了丰富的素材和案例。例如,洛桑联邦理工学院开发的电子植入物和脑脊柱技术使一名脊髓严重受伤的男子得以重新行走,这一成果展示了瑞士在生物医学领域的领先地位。

(七)芬兰

芬兰在科普教育领域取得了显著成就,这一点在全球范围内都得到了认可。芬兰社会普遍重视科学教育,并致力于从孩子幼年起就开始培养他们对科学的兴趣和热情。芬兰的科研机构积极向公众敞开大门,邀请大家亲身体验科学的奇妙和乐趣。芬兰的儿童科学教育在多个方面展现出其独到之处,包括但不限于以下几个方面。

1.科学教育

在芬兰的小学课程设置中,科学课程的占比达到11%,这个比例仅次于母语和数学。芬兰的孩子们在很小的时候就开始接触科学教育,这有助于培养他们的好奇心和探索精神。芬兰的家庭和学校都非常重视科学教育。家长和老师们会一起努力,为孩子们创造一个充满科学氛围的成长环境。

2. 科普活动

芬兰的科学教育强调实践与乐趣的结合，致力于让孩子们在轻松愉快地玩耍中发现科学的奥妙。该国的科学活动以游戏为核心，不仅为孩子们提供了丰富的玩乐机会，还积极引导他们将这种玩乐转化为对科学探索的浓厚兴趣。在芬兰，幼儿科学活动的设计理念是将玩耍视为孩子们学习、发现、体验成功与失败、社交互动以及个人成长的重要途径。小学阶段的科学课程则更为具体和系统，内容覆盖了广泛的科学领域。芬兰科学教育的核心目标是让孩子们不仅掌握必要的科学知识，更重要的是激发他们对科学的热情，同时提升他们的探索精神和创新能力。他们深知，孩子们天生的好奇心和创造力是他们最宝贵的财富，也是激励他们深入学习科学的关键因素。通过这样的教育方法，芬兰致力于培养出既有深厚科学素养又具备创新思维的未来一代。

3. 阅读传统

芬兰有一个独特的传统，即孩子出生时政府就送给他们一本书，以"婴儿盒"的形式交付。这使得芬兰的孩子从小就对科学产生了浓厚的兴趣，也提高了他们的阅读能力。

4. 科普场馆

赫尤里卡芬兰科学中心，位于芬兰万塔市，紧邻凯拉瓦湖畔，分为科学公园和展览馆两大部分。在室外的科学公园里，分布着124组岩石标本，种植着84种植物。展览馆则由展示基础科学的圆厅及柱厅、进行专题展的拱厅和半球状的立体电影厅组成。而位于奥卢市的科学博物馆，自 1988 年建立以来，一直是芬兰科普教育的重要基地，被芬兰人称为"知识园"。

（八）丹麦

丹麦政府十分重视科普。《丹麦大学法》明确规定，大学的成果必须有助于经济增长和社会福利。《博士学位章程》进一步要求博士研究生必须累计不少于 300 小时的知识传播经历。丹麦拥有一流的教育资源，包括优秀的教师队伍和先进的教学设施。这些资源不仅服务于学校教育，也为科普活动提供了强有力的支持。

1. 科学教育

丹麦拥有丰富的科普教育资源，科学教育普及度非常高。丹麦还会定期在全国范围内举办各类科普活动，吸引了大量公众的积极参与。同时，根据《图书馆法》，公共图书馆为成人和儿童提供专门的服务部门，进一步推动了科学知识的普及。

2. 科普场馆

丹麦拥有众多科技博物馆和能源博物馆，如哥本哈根科学博物馆，建筑面积 26 850 平方米，4 层楼，拥有世界第一座交互式影院，16 个互动和体验中心。这些博物馆不仅展示了丹麦在科技领域的成就，也为公众提供了学习和交流的平台。

3. 注重可持续发展

丹麦是一个致力于可持续发展的国家，在科普教育中也同样注重可持续发展。通过各种科普活动和课程，丹麦的青少年和公众能够了解可持续发展的重要性，并学习如何在日常生活中实践可持续发展理念。

（九）瑞典

瑞典政府高度重视科普工作，在科普方面投入了大量的资源和精力，通过丰富的科普项目和活动、优质的科学教育、强大的科研机构与资源和有力的科普政策与投入，成功使科普融入社会生活的方方面面。

1. 科普政策

瑞典政府制定了一系列科普政策和计划，如"科学周"等，旨在提高公众的科学素养和科技意识。瑞典在科普领域的投入也相当可观，包括资金、人力和物力等方面的支持，为科普事业的发展提供了有力保障。

2. 科普场馆

瑞典国家科技博物馆，是瑞典最大的科技博物馆，收藏了约5.5万件物品，展示了城市的技术和工业历史。该博物馆特别注重提升观众的可及性，为儿童和年轻人提供了许多互动式的展览，如"用眼睛画画"技术展项，让观众通过眼神控制计算机并引导绘图工具。

3. 科普活动

瑞典有众多富有创意的科普项目和活动，如瑞典太阳系模型（Sweden Solar System），旨在通过模拟太阳系中行星的相对大小和距离，让公众更直观地了解宇宙。瑞典的校园科普活动也十分丰富，如机器人校园科普活动，这些活动激发了学生们对科学的兴趣。

4. 科学教育

瑞典非常重视科学教育，从基础教育到高等教育，都注重培养学生的科学素养和实践能力。瑞典的科普教育不仅限于学校，还延伸到社区和家庭，形成了全社会共同参与的科普氛围。

5. 科研机构

瑞典拥有世界一流的科研机构和实验室，如卡罗林斯卡医学院（诺贝尔生理学或医学奖颁发机构）等，这些机构为瑞典的科普事业提供了强大的支持。瑞典还建设了许多面向公众的科普场馆和设施，如科技馆、天文馆等，通过展览、讲座、实验等方式向公众普及科学知识。

6. 科普成果

瑞典的科普工作取得了显著成果，不仅提高了公众的科学素养和科技意识，还促进了科技与社会的融合与发展。瑞典的科普活动也产生了广泛的国际影响，为全球的科普事业贡献了宝贵的经验和资源。瑞典拥有一批特色科普项目：

瑞典太阳系模型：这个模型使人们能够亲身感受到宇宙的浩瀚和行星之间的相对位置关系。

"灵感教育"项目：主要针对6至12岁的学生，鼓励他们利用家中的废品进行拆解和重新组装，激发创造力和学习潜能。

"新发明竞赛"：每3年举办1次，面向12岁至15岁的学生，鼓励他们探索现实生活中的需求，并将创意转化为实用产品。该竞赛已经产生了许多创新的产品设计，如可拆卸的双层超市购物推车、带有荧光标志的人行道提示系统等。

"新兵训练营"：这是斯德哥尔摩科学基金会的一个项目，旨在帮助大学生进行科技创业准备，提供市场调查和商业计划等方面的培训。

（十）挪威

挪威以其在北欧地区的科技实力而闻名，其在科技领域的成就尤为卓越。例如，挪威是海上漂浮式风机商业化应用的先驱，建造了世界上首座浮动风电场；而在脑神经科学领域，挪威的大学和研究机构也取得了显著进展，包括发明了预测婴儿脑瘫发生的诊疗工具和能够减缓阿尔茨海默病进展的新药物。

1. 科学教育活动

挪威注重科学教育，许多学校、博物馆和科研机构都积极参与科普活动，向公众普及科学知识。例如，挪威海产局通过举办"健康'鱼'你同行"主题活动，向公众展示挪威丰富的渔业资源和可持续发展的理念。挪威的博物馆、科技馆和公共图书馆经常举办各种科普讲座、展览和工作坊，吸引公众参与。挪威还会举办针对特定科学主题的展览，如海洋生物、地球科学等，通过互动展示和实验，让公众更直观地了解科学知识。

2. 学校科普课程

挪威的学校系统普遍注重科学教育，从小学到大学都设有丰富的科学课程。其幼儿园的科学教育强调以孩子为中心的学习，鼓励孩子们提出问题、进行实验和探索。

3. 科普研学旅游

挪威的自然景观为科普旅游提供了绝佳的场所。游客可以参加冰川探险、峡湾游船等活动，同时能了解相关的地理、气候和生态知识。挪威的研学之旅也备受推崇，如特隆赫姆地区保留着许多古老的遗址和遗迹，可以帮助人们更好地了解北欧神话的起源和发展。

4. 公众参与科研

挪威的科研机构经常开展面向公众的科研项目，鼓励公众参与科学研究和探索。通过在线平台、社交媒体和科普活动，公众可以了解科研项目的进展和成果，甚至直接参与某些项目的数据收集和分析工作。

5. 公共科普资源

挪威的科普媒体相当发达，包括电视、广播、报纸和网站等。这些媒体会定期报道最新的科学发现和进展，为公众提供丰富的科普资讯。挪威的公共图书馆也提供丰富的科普读物和资料，方便公众借阅和学习。

第二节　北美洲主要国家

（一）美国

美国拥有丰富的科普资源和多样的科普形式，科研机构和高校、科学共同体、企业等都积极参与科普事业，举办各种活动，为公众提供了丰富多彩的科普知识。

1. 政府重视

美国政府在科普方面通过资金支持、资源建设、政策支持、科学教育与传播以及多样化的科普活动等方式，致力于提升公众的科学素养和兴趣。美国政府高度重视科技知识的实用性，关注科学与社会的关系，并注重公众科学素质建设的人本性。自20世纪50年代以来，美国在科学教育方面投入巨大，制定了一系列法案以健全科学教育体系，增加STEM领域专业人才的培养，并推动正规教育与非正规教育的协调发展。

2. 科普项目

美国国家科学基金会（NSF）设有"非正规科学教育项目"，该项目资助的范围包括：开发和实施旨在提升全体公众对科学、技术、工程、数学的兴趣、参与和理解，促进非正规科学教育。美国国家航空航天局（NASA）要求所有获得资助的项目，提取 0.5% ～ 1% 从事面向公众的"社会服务和教育"活动。[1]美国所有的科技项目，都有一项对公众宣传的任务。此外，美国科学基金会为鼓励研究人员进行相关的科普活动，设立了"研究经费追加科普拨款"制度。

3. 科学教育

美国大学通常会提供科普课程和培训，旨在提高公众的科学素养和水平。例如，哈佛大学利用网络平台推出了一系列在线课程和讲座，向全球范围的公众传播科学知识。许多大学还通过社交媒体、博客等渠道发布科研进展和科普文章，与公众进行互动交流。美国麻省理工学院开设了"公众科学"项目，向公众提供科学课程和培训，帮助公众理解和掌握科学知识。美国加州大学洛杉矶分校与许多国际知名大学合作，共同开展科普项目和活动，提高全球公众的科学素养。

美国国立科研机构非常注重科学传播，通过多种方式向公众传播科学知识。例如，美国国家海洋和大气管理局（NOAA）定期发布天气和气候预报，向公众普及气象知识。美国国家科学基金会也会通过电视和广播节目、科学杂志和报纸等媒体，向公众传播最新的科研成果和科学进展。美国国立科研机构还会定期举办科普讲座和研讨会，邀请科学家、学者和公众共同探讨科学问题和技术应用。这些讲座和研讨会为公众提供了一个了解科学前沿和研究动态的平台，也有助于激发公众的科学兴趣和创造力。

1　刘立.发达国家如何做科普 [J]. 发明与创新（大科技），2014(10):30-31.

4. 科普出版

美国的科普节目和科普创作在全球首屈一指，如《国家地理》杂志《宇宙波澜》《寂静的春天》和探索频道等。为了鼓励更多的人从事科普工作，美国国立科研机构设立了科普奖学金和研究基金，支持科研人员和科普作家开展科普研究和创作。这些奖学金和研究基金的设立，有助于推动科普事业的发展，提高公众的科学素养。

5. 科普场馆

美国拥有世界最多的博物馆，达 3.5 万个。著名的有美国航空航天博物馆、美国国家自然博物馆、芝加哥科学与工业博物馆和加州科学中心等，为公众提供了丰富的科普体验。

芝加哥科学与工业博物馆：成立于 1933 年，是美国历史最久、规模最大的现代科技馆。它有很多令人惊叹的展品，比如德国潜水艇和波音飞机等。

加州科学中心：位于洛杉矶，是美国西海岸最大的科学中心。"奋进"号航天飞机就是这里的"镇馆之宝"。

波士顿科学博物馆：位于美国最古老的城市波士顿，历史悠久。这里有很多有趣的科学展览，可以让参观者大开眼界。

旧金山探索馆：始建于 1969 年，现在拥有超过 475 个科技和机械展品，参观者可以亲手操作各种科学游戏或展览。

尼亚加拉瀑布城科技馆：位于纽约州，距离尼亚加拉瀑布很近。成立于 2009 年，收藏了 2000 多件科学仪器，让参观者可以更好地接近科学、了解科学。

6.科普活动

美国的科普活动主要有科学节、媒体传播和科技展览，三种形式交叉融合，互为补充。科技节的特点是结合各地特色，密集推出大量活动，营造节日氛围，从而吸引众多观众。媒体传播重在润物细无声，每天提供海量信息和资源，而科技展览则强调生动直观和实践操作。美国许多国立科研机构定期举行公共参观和开放日活动，邀请公众进入实验室、研究中心和展览馆等地，了解科研工作的内容和进展。

美国科普活动的目标是全体公民，学生正式教育，其他公民非正式教育，同时特别关注弱势群体。科普内容通过网络平台、图书、影视动漫、游戏、博客和数字博物馆等多种形式呈现，以适应不同群体的需求。美国国家科学基金会（NSF）和国家地理学会等机构合作举办的科学节，通过科学讲座、展览和互动体验等活动，让公众亲身体验科学的魅力。美国科学促进会（AAAS）自 1845 年成立以来，通过组织"家庭科学日""夏日科学""课堂科学日"等系列活动，鼓励中小学生参与科学家举办的研讨会和互动活动。此外，美国还定期举办"世界科学节"和"美国科学与工程节"，以进一步推广科学教育。

（二）加拿大

加拿大在科普方面做得非常全面和深入，不仅注重科学知识的传播，还强调科学实践和应用，让公众能够更好地了解和掌握科学知识。加拿大的科普情况在多个方面都表现出色，包括丰富的科普活动、充足的科普投资与资助、广泛的科普教育与培训、多样的科普机构与组织、丰富的科普资源以及显著的科普成果。

1. 科普场馆

加拿大有很多国家级别的科普机构和设施，如加拿大科技博物馆，不仅展示了各种科技展品，还通过互动体验让参观者更直观地了解科学知识。

加拿大在环境科普方面也做得非常好。他们的自然保护区都建有宣传教育中心，通过展示自然生态、介绍保护知识等方式，提高公众的环保意识和自然保护能力。

2. 科学教育

加拿大注重科学教育的普及，通过学校和社区等机构开展多样化的科普活动，如科学讲座、实验展示、科普展览等。加拿大还鼓励科学家和专业教师参与科普工作，提供科普培训和指导，以提高科普活动的质量和水平。加拿大还有多个科普协会和团体，如加拿大科学促进会、加拿大科普作家协会等，这些组织致力于推动科普事业的发展。

3. 科普资源

加拿大拥有丰富的科普资源，包括图书、杂志、网络平台等。这些资源为公众提供了获取科学知识的便利途径。加拿大还积极推动科普资源的共享和交流，鼓励科学家和公众共同参与科普创作和传播。

加拿大还拥有众多科普机构和组织，通过举办展览、讲座、工作坊等活动，向公众普及科学知识。

加拿大科技博物馆：位于首都渥太华，其宗旨是帮助大众理解加拿大科学和技术的历史，以及正在研究中的科学、技术和加拿大社会的联系。馆内会展示各种科技产品和发明创造，同时还有许多交互式展览和活动。

蒙特利尔科学中心：位于加拿大蒙特利尔古港，建立于 2000 年，以定期举办科普展览为特色，馆内还有加拿大最大的 IMAX 电影院。展览内容涵盖从年轻人的好奇思维到科技展示等多个方面，让游客置身于创造和想象的空间中。

温哥华科技馆：温哥华的地标建筑之一，内部设有长期与临时展览，主要介绍水、光、声、动物、环保的知识，并推出了一系列益智游戏及体验项目（例如 IMAX 剧院），成年人与小朋友都会在这里度过一段欢乐的时光。这座建筑也是喜爱摄影的游客必拍的景观之一，待夜幕降临之时，灯光亮起，霎时间成为温哥华美丽的天际线的一部分。

4. 科普活动

加拿大科学技术周是加拿大联邦政府 2008 年发起的全国性科学技术活动，每年 10 月会举办，加拿大科学技术博物馆公司负责协调活动的开展，活动内容涵盖生物、天文、化学、物理、数学、海洋等诸多领域，活动形式包括讲座、参观、开放实验室、科技竞赛、舞台表演、实地观测、实验演示、动手制作、网络课程、街头宣传等，旨在提高公众对科学的兴趣和认识。加拿大在每年 3 月面向全国推动"青少年科学月"，鼓励青少年参与科学探索和学习。加拿大还非常重视"家庭数学与科学日"这样的活动，鼓励家庭成员一起参与科学活动，增进亲子间的科学交流。

（三）墨西哥

墨西哥政府制定了一系列科普政策和计划，旨在推动科普工作的发展。

1.科普政策

墨西哥政府于 2005 年启动了"硅谷边境"计划，旨在将墨西卡利等边境城市转变为高科技中心，促进科技创新和成果转化。

2.科学教育

墨西哥注重通过科普教育和活动提高公众的科学素养。墨西哥的科学家和科研机构也积极参与科普活动，如举办科普讲座、研讨会和工作坊等，向公众介绍最新的科学发现和技术进展。

3.科普场馆

墨西哥拥有一定数量的科普资源和设施，如科学博物馆、科普网站和科普出版物等。墨西哥也鼓励和支持民间组织和个人参与科普工作，通过多元化的方式推动科普事业的发展。

墨西哥科技馆：位于墨西哥城，是介绍墨西哥科学与技术发展历史的重要场所。

墨西哥国立人类学博物馆：馆内收藏和展出的主要是印第安人文明遗存，位于墨西哥城查普尔特佩克公园内。该博物馆占地面积 12.5 万平方米，建筑面积 4.4 万平方米，于 1964 年 9 月建成并开放，其前身是 1808 年的墨西哥大学古物委员会。

国家能源和技术博物馆：坐落在墨西哥城的重要地带——博斯克德查普尔特佩奇公园的中心。该博物馆致力于激发青年对科学教育的热情，并在能源与技术领域开拓职业发展机会。通过展示能源和技术的社会历史，博物馆创造了一个灵活互动的环境，不仅为公众提供了探索未来发现、发明和创新的可能性，还激发了人们对科技进步的好奇心和探索欲。

4. 科普作品

墨西哥的科普作品涵盖了多个领域，包括自然科学、社会科学、医学健康等。墨西哥的多家出版社致力于科普作品的出版，如墨西哥布鲁格拉出版公司、墨西哥大学 D.C. 比列加斯图书馆等。一些作品通过生动的案例、丰富的图表和通俗的语言，向读者展现了科学的魅力。同时，还有部分作品融入了虚拟现实、增强现实等技术，为读者提供了沉浸式的阅读体验。

墨西哥政府对出版和销售图书、期刊免征营业税，只从发行与销售出版物的总利润中提取一定比例的税收。政府还对出口图书、期刊给予10%的额外补贴。这些政策为科普作品的创作和出版提供了良好的环境。

5. 科普活动

墨西哥的科技节和科普活动通常会在多个城市举办，墨西哥城作为墨西哥的首都，是许多大型科技节和科普活动的主要举办地，而蒙特雷是墨西哥科技节和科普活动的重要举办地之一。

第三节 亚洲主要国家

（一）日本

日本政府重视科普，制定政策，拨出资金支持科普发展。

1. 政府支持

日本在科普教育方面采取了全面而深入的措施，以确保社会大众对科学技术的理解与支持。日本文部科学省特别强调科普的重要性，要求将重要课题解决型项目 3% 的经费专门用于科学普及。此外，日本科学技术振兴机构（JST）设有专门负责"促进公众理解科学"的部门，其相关经费占 JST 总支出的 6.7%。日本国立科研机构，如科学技术振兴机构，不仅负责科普事业相关经费的具体管理，还落实文部科学省的科普政策，确保科普活动的质量和效果。此外，民间科普机构如博物馆协会、全国科学博物馆协会和全国科技馆联盟等也在日本的科普教育中发挥着重要作用。

日本在教育经费上的投入也相当可观，据统计，2019 年日本教育经费投入约为 1560 亿美元（约合人民币 1 万亿元），人均教育经费约为 1200 美元（约合人民币 7800 元），这为科普教育的开展提供了坚实的经济基础。日本中小学课程依据《学习指导要领》编制，明确将可持续发展教育列为重要理念与政策方向之一，注重培养学生的科学素养和可持续发展意识。

2. 科普场馆

日本的科普设施丰富，共有1382家博物馆，其中科学博物馆就有400多家，特别是在东京地区，就有20多座各类科普场馆。他们的青少年教育设施也很完善，共有1264个，包括少年自然之家、青年之家和儿童文化中心等。日本学校、家长重视带领孩子参观科技馆、自然博物馆等科普场所，让他们近距离接触科普知识，通过观察和互动，激发他们的好奇心和求知欲。

3. 科普作品

日本的科普出版物精美，报刊图书上经常能看到它们的宣传广告和图书介绍。日本的科普读物很多，如著名的《大众科学》系列图书，以及《细胞膜的结构》《宇宙环境与生命》等。日本科普漫画、卡通作品丰富多样，风靡世界。

4. 科学教育

日本国立科研机构的科普内容丰富且贴近生活，旨在激发公众对科学的兴趣和好奇心。例如，日本理化学研究所经常会举办面向中小学生的科学讲座和实验活动，让他们亲身体验科学研究的乐趣。日本国立科研机构还利用社交媒体、网络平台和电视节目等多元化的传播渠道，将科学知识普及给更广泛的受众。

日本的青少年科普活动通过安排一些实践性的学习活动，如简单的科学实验或观察生物现象，让孩子亲自动手操作，从实践中学习和理解科学知识。例如，金昌市举办的"小乒乓大冒险"科学实验课，让孩子们通过现场实验了解伯努利原理，这种亲身体验能够极大地激发孩子的好奇心。

日本在防灾科学教育方面尤为突出。例如，北淡町震灾纪念公园通过实物再现的方式，展示地震造成的破坏，让人们直观了解地震的威力。此外，日本还定期举行全国性的防震演练，增强民众的防灾意识和能力。

5. 科普活动

日本最大规模的科普活动是每年一度的"科学技术周"，从 1960 年开始已经连续举办 60 多届。在科技周期间，为提高国民对科技的关心和理解，会举行各种活动。例如，设立飞行模拟实验装置，让参观者体验飞行感觉；放映无人航天飞机等内容的视频；以及为孩子们制作游戏、播放电影、举行讲演等。

针对青少年轻视理工科的问题，日本采取了一系列措施。包括对外开放研究所、大学，让孩子们有机会观看、接触和了解科学知识；通过亲自动手制作、操作，激发孩子们的好奇心和求知欲。日本顶级科研机构也会参与科学教育，比如理化学研究所就举办过量子计算机科普活动，让学生们接触到最先进的科技。

（二）韩国

韩国政府高度重视科普工作，通过制定和实施一系列政策和规划来推动科普事业的发展。这些政策和规划旨在提高公众对科学的兴趣和理解，培养科学素养，促进科技创新和发展。

1.科普政策与规划

韩国政府制定了一系列政策和规划来推动科普工作。例如，韩国政府发布的《氢经济路线图》和《绿色增长国家战略及五年计划》等，都强调了科普在促进能源转型和绿色发展中的重要作用。

2.科普投资与资助

韩国政府投入大量资金用于科普活动，如支持科普展览、科普课程和科学咨询机构的运营。通过国家层面的资助，韩国鼓励各类机构和个人参与科普工作，提高公众对科学的兴趣和参与度。

3.科学场馆与活动

韩国拥有许多著名的科普场馆。

韩国国立中央科学馆：位于大田广域市，创办于1949年（新馆于1990年建成），占地面积165 000平方米，建筑面积28 710平方米，展览面积7194平方米。以"自然与人类和谐发展"为主题，收集了关于产业技术史、自然史、科学技术史等资料，通过研究和展示向民众普及科学知识。

韩国国立果川科学馆：位于京畿果川市，2008年开馆，占地面积243 970平方米，建筑面积52 487平方米。也是韩国新建的面积最大的科普场馆，是世界顶尖水平的科学馆。展示品超过2000件，其中50%以上利用了尖端演示媒体技术。

太白古生代自然历史博物馆：位于江原道太白市，展览内容跨越了多个地质时代，展示了三叶虫化石、微型恐龙模型等令人兴奋的展品。还有4个沉浸式成像体验区，重现古代海洋。

国立首尔科学馆：于1945年正式开放，以浅显易懂的科学原理，为参观者提供体验科学的机会。

舒川国立海洋生物资源馆在忠清南道舒川市，拥有超过 7500 件标本，解答海洋生物疑问。第 1 展厅以"海洋生物的多样性"为主题，内容丰富，可以通过多运动识别技术与海洋生物互动。

韩国的科普展览通过多种形式的展览向公众展示科学的魅力。科普展览不仅涵盖基础科学知识，还涉及当代科技的前沿领域，让公众对科学的发展趋势有更深入的了解。韩国还举办各类科普活动，例如，由韩国未来创造科学技术部主管，韩国科学创意财团 1997 年发起并主办的韩国科学创意盛典。该活动旨在增进国民对科学技术的理解，活动形式包括项目展示、体验活动、科技竞赛、特别讲演、科技电影节、科技教育成果发表会、科技图书推荐等。

4. 科普创作

科普书籍是韩国出版产业中的一部分，占有一定的市场份额。著名的作品包括《科学冒险岛》（全套 6 册）、《科学大探奇漫画》（全套 5 册）等。

此外，韩国政府主导实施数字出版产业的发展战略，制定了一系列五年计划政策来激活数字出版。具体的实施方式包括支援电子书的发掘和制作，以带动出版社电子书的出版，并确保中小出版社能进入数字出版市场。

5. 科普教育

韩国科学教育注重培养学生的科学素养，通过实验教学和探究学习，让学生在实践中理解科学原理，培养实验技能和创新能力。

韩国政府开设了多样化的科学教育课程，针对不同年龄和教育背景的人群，涵盖丰富的科学主题。

韩国设有科普咨询机构，为公众提供科学知识咨询和专业指导，解答公众的科技问题。科学写作也是韩国科普推广的重要组成部分，通过书籍、网络平台等形式向公众传递科学知识，使科学知识更加普及和易于理解。

（三）印度

印度政府在支持科普工作方面采取了多项措施，这些措施旨在提高公众对科学的兴趣和理解，促进科技事业的发展。印度政府通过制定和实施科技政策来指导科普工作。例如，1958年颁布的《科学政策决议》强调了发展科学技术的重要性，鼓励新知识的获得与传播，奖励个人发明创造，并明确了培养科研队伍的目标。印度政府通过提供资金支持来促进科普工作。例如，允许企业扩大"企业社会责任资金"使用范围，将部分资金用于资助孵化器和科研机构开展研发活动，这意味着每年可能新增大量科研资金用于科普活动。

1. 科普活动和项目

印度政府和非政府组织经常组织各种科普活动和项目，旨在提高公众对科学的兴趣和认识。这些活动可能包括科普讲座、科学实验、科学展览等。

2. 科普出版和媒体

一些出版社和媒体机构致力于出版和传播科普内容，包括科普书籍、科普杂志、科普电视节目等，以努力提高公众对科学的兴趣和认识，推动科技事业的持续发展。

3. 科普活动和项目

印度政府和非政府组织合作，组织各种科普活动和项目，如科普讲座、科学实验、科学展览等。这些活动旨在提高公众对科学的兴趣和认识，增强科学素养。

印度政府利用媒体和网络等渠道，广泛传播科普知识。通过制作科普电视节目、发布科普文章等方式，提高公众对科学的关注度和兴趣。

4. 科普场馆和设施

印度政府支持建设科普场馆和设施，为公众提供参观和学习科学的场所。这些场馆包括科学博物馆、天文馆等，通过展示科学实验、科学展览等方式，向公众普及科学知识。

国家科学中心：位于新德里，主要介绍天文物理方面的知识，非常适合带孩子来玩。中心内包含天文馆，提供丰富的科学展览和互动体验。

国立铁道博物馆：位于新德里，通过珍贵的展品，游客可以了解印度的铁路发展史。该博物馆保存了少量的主要展品，如老旧的火车头等。

印度博物馆：印度三大博物馆之一，馆内藏品丰富，包括考古学部门、艺术学部门、民族学部门、地质学部门、物产学部门、动物学部门等六大部门的展品。其中考古学部门陈列了从印度的古文明时代到伊斯兰教时代的物品，艺术学部门则以纺织品、地毯、漆器和陶器而闻名。

5. 科普作品与创作

印度有着悠久的科幻小说创作历史，自 20 世纪以来，印度科幻逐渐得到更多读者的认可。近年来，随着印度科幻小说的快速发展，其已从边缘逐渐走向主流，出现了许多优秀的科普作品。

尽管印度在科普方面取得了一些进展，但仍面临一些挑战。例如，公众对科学的兴趣和理解程度可能因地区、教育水平等因素而存在差异。此外，印度的科学教育和研究环境也需要进一步改善和提升。

（四）新加坡

新加坡政府在支持科普工作方面采取了多种措施，这些措施旨在提高公众的科学素养，激发公众对科学的兴趣，并促进科技创新。

1. 科学教育

新加坡政府通过拨款等方式，为科普工作提供资金支持。例如，新加坡政府早在 1977 年就建立了新加坡科学中心，并持续投入资金以丰富和完善科普项目。新加坡政府还设立了科研创新计划，将资金用于支持科研创新、人才培养及科普教育的相关项目。

2. 科普场馆

新加坡政府非常重视科普教育场所的建设，这些场所为公众提供了丰富的科学展览、讲座和互动体验，让人们在参观中学习和享受科学的乐趣。

新加坡科学中心自开放以来，一直致力于向公众普及科学知识。中心内设有科学馆主馆、别馆、户外花园、万像馆和雪城等多个展区，涵盖了从物理、化学到生物、天文等多个科学领域。中心经常举办各种科普活动和展览，如科学节、科技夏令营等，深受公众喜爱。

新加坡国家博物馆在展览中也融入了丰富的科技元素。通过展示新加坡的历史和文化变迁，让公众了解科技进步对社会发展的影响。

知识宇宙是一个以儿童科学教育为主的科技馆，注重通过互动游戏和实验让儿童在玩乐中学习科学知识。馆内设有多个主题区域，如宇宙探索、人体奥秘等，为儿童提供了一个充满乐趣的科普世界。

亚洲文明博物馆以展示亚洲各国文明为主，但在展览中也不乏对古代科技文明的介绍。通过展示古代的科技成就，让公众了解科技在推动人类历史发展中的重要作用。

滨海湾花园虽然是一个以植物和园艺为主题的公园，但也融入了丰富的科技元素。例如，云雾森林和超级树等景点，通过先进的科技手段展现了自然与科技的完美结合。

3. 科学传播

新加坡政府积极倡导科普知识在科学杂志和电视节目中的传播。科学杂志定期刊发科学界的最新研究成果和科普知识，而电视节目则通过大众媒体的影响力，将科普知识传递给更广泛的受众。

新加坡的科普读物内容广泛，涉及自然科学、人文社科等多个领域。这些作品不仅为读者提供了丰富的科学知识，还通过生动的案例和深入浅出的解释，使读者能够轻松理解科学原理和应用。例如，*The Young Scientists* 是一本专为小学生设计的全英文科学杂志，已经在新加坡热销了 20 余年，深受家长和学生的喜爱。该杂志根据新加坡教育部科学教育大纲编写，内容涵盖多个科学领域，旨在培养儿童的科学兴趣和创新能力。

新加坡的科普作品呈现出多元化和专业化的趋势。越来越多的作家和专家加入科普创作的行列，为公众提供更加丰富、深入的科普内容。此外，出版社也在不断探索新的出版模式和市场渠道，以满足读者对科普知识的需求。出版社通常会邀请领域内的专家进行审稿和校对，确保作品内容的准确性和权威性，使新加坡的科普作品在质量上得到了严格保障。同时，出版社也会通过市场调研和读者反馈等方式，不断改进和优化作品内容和形式。

4. 科普活动

新加坡政府定期举办各种科普活动，如科学节、科普讲座和科学实验营等。这些活动不仅为公众提供了学习和交流的平台，还通过生动有趣的方式激发了人们对科学的兴趣。新加坡科学节由新加坡科学、技术和研究局和新加坡科学中心共同组织，已经举办了20多届，活动集中展示了新加坡在科学、工程、技术、生物医学等领域的优秀成果。活动内容也很丰富，包括年度科学嘉年华会、创客集市、星光科研讲座、儿童科学节、基因节等。

新加坡政府通过改革教育体系，将科学教育纳入国家教育战略的重要组成部分。从小学到大学，新加坡的教育体系都强调科学教育的重要性，并鼓励学生参与科学研究和创新活动。

第四节　非洲主要国家

（一）埃及

古埃及是世界四大文明古国之一，有着悠久的历史和丰富的文化遗产。公元前 3200 年，美尼斯统一埃及并建立了第一个奴隶制国家，经历了多个王朝时期。埃及文化以古埃及文明为代表，拥有金字塔、狮身人面像等世界著名的历史遗迹。

1. 政策措施

埃及政府重视科普工作，将其视为提升国民科学素养、推动社会进步的重要手段。政府制定了相关政策和措施，如加强对科普工作的投入等，以推动科普事业的发展。

2. 科普场馆

埃及拥有多个科普中心和博物馆，为公众提供了学习和了解科学的场所。这些场馆不仅展示了埃及丰富的历史和文化遗产，还举办了各种科普展览和活动，吸引了大量游客和市民前来参观和学习。

埃及国家博物馆：埃及最著名的博物馆之一，也是世界上最大的古代埃及艺术收藏馆。馆内收藏了古埃及法老时期的无数珍宝，如黄金、宝石、青铜器、陶器、石雕、木乃伊等，展示了古埃及文明的辉煌成就，是研究和了解古埃及历史的重要场所。

开罗科技馆：一座集科普教育、科技展示和交流合作于一体的现代化科技馆。馆内设有多个科技展览厅，涵盖物理、化学、生物、地理等多个学科领域，并且经常举办科技讲座、研讨会和互动体验活动，吸引大量学生和市民前来参观学习。

亚历山大科技馆：位于埃及第二大城市亚历山大，是该地区的科技文化中心。馆内展示了埃及在科技领域的最新成果和进展，同时也介绍了国际上的科技发展趋势，为当地学生和市民提供了丰富的科技教育资源，促进了科技知识的普及和传播。

苏伊士运河科技馆：以苏伊士运河为主题，介绍了运河的历史、建设和发展过程。通过模拟运河航行、展示运河建设技术等互动体验项目，让观众深入了解运河的重要性和作用，对于了解埃及的地理、历史和经济具有重要意义。

尼罗河科技馆：以尼罗河为主题，展示了尼罗河流域的自然环境、历史文化和科技发展。馆内设有多个展览厅和实验室，通过实物展示、模型演示和互动体验等方式，让观众全面了解尼罗河与埃及的关系，对于增强公众对尼罗河及其生态环境的保护意识具有重要意义。

3. 科普活动

埃及政府和社会各界积极推动科普活动的开展，举办了一系列科普活动，如科学展览、讲座、研讨会等，以向公众普及科学知识、传播科学精神。这些活动涵盖了多个领域，如医学、天文学、数学等，旨在提高公众对科学的认识和兴趣。

4. 科学教育

埃及在中小学阶段开设了科学课程，旨在培养学生的科学兴趣和实践能力。政府还鼓励科研机构、高校和企业等社会各界参与科普教育，为学生提供更多的实践机会和科普资源。

5. 科普作品

埃及在科普作品创作方面有着丰富的积累。从历史角度看，古埃及的科技成就在当时的世界处于领先地位，这些成就也为后来的科普作品提供了丰富的素材。

重要科普作品《埃及记述》（又译作《埃及志》等），这是一套系统性介绍古埃及文明和社会面貌的科普百科全书式读物，由拿破仑军队中的学者编纂，共 24 卷本，内容极为丰富，插图精美。

《阿拉伯和穆斯林科幻》，这部作品由埃及科幻作家伊马德丁·阿伊莎与侯萨姆·A.易卜拉欣·赞百里联合主编，汇集了随笔、散文、采访和学术研究类文章，展现了阿拉伯科幻文学的丰富性和多样性。

（二）南非

南非是非洲第二大经济体，属于中等收入的发展中国家。其科技水平和创新能力在非洲地区处于领先地位。南非的科普工作对推动其经济发展、提高国民素质等产生了积极影响。

1. 科普政策与计划

南非政府高度重视科技创新和科普工作。例如，在 2021 年 5 月，南非政府批准了科创部的《科学、技术和创新十年计划草案》，旨在支持生物技术、空间科学与技术、能源等多个领域的科技发展。政府还加大了对新冠相关科研基础设施的投资，推进基因组学、流行病学、疫苗制造等领域的具有国际水平的研究工作。

2. 科技成果与发明

南非在多个领域拥有重要的科技成果和发明。例如，Kreepy Krauly 是南非人发明的自动泳池清洁设备；CT/CAT 扫描技术由南非物理学家 Godfrey Hounsfield 和 Allan McLeod Cormack 发明；南非医生 Christiaan Barnard 在 1967 年完成了世界上第一例心脏移植手术。

3. 科普资源与服务

南非拥有丰富的科普资源，包括图书馆、博物馆、科技馆等公共科普设施。南非政府还提供了多种科普服务，如科普讲座、科普培训等，以满足公众对科学知识的需求。南非的科技馆对普及科学知识、推广科技成果和增强公众科学素养起着重要作用。

约翰内斯堡科学中心：位于约翰内斯堡市中心，是一个集科普教育、科技交流、展览展示为一体的综合性科技馆。这里展示了各种先进的科技设备和互动展览，让游客们在体验中感受科技的魅力。

开普敦科技博物馆：位于开普敦市中心，是一个以展示地球科学、物理学、生物学等为主的博物馆。游客们可以通过各种实验和互动展览，深入了解科学的原理和应用。

自由州矿物博物馆：虽然名为矿物博物馆，但这里也展示了丰富的科技内容。游客们可以通过了解矿物的形成和提取过程，知晓科技在矿业领域的应用和发展。

莫塞尔湾科技中心：位于莫塞尔湾附近，是一个以环保科技为主题的科技馆。这里展示了可再生能源、环保科技等领域的最新成果，让游客们了解科技在环保方面的重要作用。

4. 科普创作与出版

南非有许多著名的科普作家，他们为科学文化的传播和公众科学素养的提升作出了重要贡献。以下是一些著名的科普作家及其作品的特点：

劳伦斯·安东尼和格雷厄姆·斯彭斯：代表作品《象语者》。这本书讲述了两位作者与大象之间深厚的情感，通过真实的经历向读者展示了人与动物之间和谐共处的美好，不仅具有科普价值，还充满了人文关怀。

伊恩·斯图尔特·格拉斯：代表作品《红外天文学指南》。这本书是红外天文学领域的标准教材，为读者提供了丰富的天文学知识和前沿的科研成果。格拉斯的这部作品在南非乃至全球天文学界都具有很高的声誉。

5. 科普讲座与活动

南非还举办各种科普讲座、研讨会、展览等，涵盖了人工智能、金融科技、制造与自动化、医疗保健等多个领域。这些活动不仅为公众提供了了解最新科技发展的机会，还促进了科技界、产业界和学术界之间的交流与合作。

非洲科技节是非洲规模最大和最具影响力的科技展会之一，2023年非洲科技节于2023年11月13—16日举办。它旨在推动非洲大陆的数字化转型，塑造非洲科技产业的未来。非洲科学节是南非创办的非洲大陆上第一个科学节，主要提供互动类活动和教育资源，为学校、师生提供轻松的校外科学学习机会。该科学节包括国家科学节和一系列拓展项目，如国家科学周、ESKOM青年科学家博览会、开放日等，这种不局限于一时一地的科学传播成为其鲜明特色。

第五节　南美洲主要国家

（一）巴西

巴西的自然环境和资源为其科普提供了得天独厚的条件。巴西是南美洲最大的国家，国土总面积 851.49 万平方千米，居世界第五。其境内拥有世界最大的亚马孙热带雨林，被誉为"地球之肺"，这为生物多样性、生态系统和环境保护等科普教育提供了丰富的素材。

1. 政府重视

巴西联邦共和国科学技术部下属的巴西国家科学技术发展委员会是科普活动的重要组织者。他们通过举办各种活动，如展览、讲座、研讨会等，向社会大众传播科技知识，为巴西社会的包容性发展创造更好条件。

2. 科普场馆

巴西国家科学技术发展委员会向博物馆、天文馆、科技中心、动植物园等机构提供财政支持，帮助它们开展科普活动，提高公众对科学的兴趣。

巴西国家科学技术博物馆：这是一个综合性的科学技术博物馆，涵盖了从自然科学到工程技术的各个领域，通过展览、互动展示和科学实验等方式，向公众普及科学知识，激发青少年对科学的兴趣。

圣保罗州立艺廊：建于 1900 年，是巴西重要的艺术博物馆之一。馆藏丰富，包含一万多件艺术品，特别是巴西各个历史时期的绘画珍品。建筑风格独特，运用了夯土技术和红砖修建，因此也被外国游客称为"红房子博物馆"。

里卡多·布伦南研究所：位于伯南布哥州累西腓市，是一所非营利的文化机构，收藏有 3000 多件兵刃和铠甲藏品，是世界上收藏近战冷兵器较多的博物馆之一。同时，这里拥有全球最多的荷兰画家弗兰斯·波斯特的艺术品收藏。

奥斯卡·尼迈耶博物馆：整体风格现代，是著名的库里提巴双年展的举办地。该博物馆展现了建筑师奥斯卡·尼迈耶的设计理念和创新精神。

里约天文馆：作为巴西重要的天文科普场馆，它提供了关于宇宙、星座、行星等天文知识的展示和教育活动。通过模拟星空、望远镜观测等方式，让公众更好地了解宇宙的奥秘。

这些科普场馆在巴西的科普教育中扮演着重要的角色，不仅提供了丰富的科普资源，还通过各种活动促进了公众对科学的认识和兴趣。

3. 科普作品

巴西政府高度重视科普作品的创作和出版。政府通过提供财政支持和政策扶持，鼓励科普作家和出版社创作和出版更多优质的科普作品。这些作品不仅提高了公众的科学素养，也为巴西的科普事业作出了重要贡献。

巴西拥有一些著名的科普作家和作品。例如，巴西国宝级作家洛巴托的《洛巴托科学课》升级版《本塔奶奶讲科学课》深受读者喜爱，这本书通过有趣的故事和生动的插图，向读者传授了科学知识，让科普变得不再枯燥无味。

巴西的出版业也积极支持科普作品的创作和出版。虽然近年来巴西经济受到一些影响，出版业面临挑战，但科普图书市场依然保持着稳定的增长。

巴西的科普作品种类繁多，涵盖了自然科学、社会科学、医学、环境科学等多个领域。科普作品形式多样，包括图书、杂志、报纸、网络等，满足了不同读者的需求。科普作品质量不断提高，一些作品获得了国际性的奖项。科普作家和出版社积极创新，通过引入新技术、新媒介等方式，提高了科普作品的传播效果和影响力。

4. 科普活动

巴西的科普活动形式多样，既有传统的展览、竞赛和讲座，也有创新的在线科普资源，旨在提高公众的科学素养和兴趣。

科学展览和科学奥林匹克竞赛：这些活动在不同级别（国家、州、市）进行，吸引大量学生和公众参与。它们提供了一个展示科研成果、交流科学知识的平台。

奖学金和教育扶持项目：比如"科学启蒙奖学金项目"，以及针对不同层次学生（如本科生、高中生、职业技术学校学生）的科学教育扶持项目，这些项目旨在提高青少年对科技创新的兴趣。

科普讲座和研讨会：这些活动通常由专家、学者和科研人员主持，向公众介绍最新的科研成果和科技进展。

在线科普资源：巴西也积极利用互联网和社交媒体平台，发布科普文章、视频和互动内容，让更多人能够方便地获取科学知识。

"国家科技创新周"活动：这个活动自 2004 年起就在巴西全国范围内展开，目的是强调科学技术对改善人们生活的重要性，并激发青少年对科学的好奇心与提升其科技创新能力。

（二）智利

智利地理位置独特、自然资源丰富，是南美洲乃至全球的重要国家之一。智利国家历史博物馆收藏了从前哥伦布时期至 20 世纪的 7 万多件文物，展示了智利丰富的历史和文化。

1. 科普场馆

智利拥有多个科技馆和博物馆，这些场馆在科普教育中发挥着重要作用。例如，位于智利首都圣地亚哥的金塔诺马尔公园内的科技博物馆天文厅，是欧洲南方天文台（ESO）与智利政府联合资助的项目之一，于 2009 年 10 月正式开放，展示了天文学的最新研究成果，还提供了先进的观测设备，让公众有机会近距离接触和了解宇宙奥秘。

智利国家历史博物馆，原皇家法院和国库所在地，建于 1804—1807年。博物馆内展示了人类学、植物学、动物学、矿物学和古生物学等领域的重要藏品，设有 12 个永久展区：智利的生物地理、陆地生态系统、中心展厅长达 17 米的蓝鲸骨架、矿物、昆虫、软体动物、中生代脊椎动物、智利木材、智利考古、胡安·费尔南德斯群岛、人类文化和铜的应用。

智利有众多自然历史博物馆、科学中心等，这些场馆通过丰富的展览和互动体验，激发了公众对科学的兴趣和好奇心。

2. 科普活动

智利政府和社会各界高度重视科普活动的开展。每年，智利国家科委都会组织各种形式的科普活动，如科技周、科普展览、科普讲座等，旨在提高公众的科学素养和创新能力。全国各地的实验室、博物馆、观测台等都会免费向公众开放，展示最新的科研成果和技术应用。智利还鼓励学校和企业参与科普活动，通过举办科技竞赛、科普讲座等形式，培养学生的科学兴趣和实践能力。

3. 科普作品

智利在科普作品创作方面也取得了显著成果。近年来，智利作家和科学家们创作了大量优秀的科普作品，这些作品以通俗易懂的语言和生动的形式，向公众普及了科学知识和技术应用。例如，智利作家本哈明·拉巴图特的长篇小说《理性的疯狂梦》，深入探讨了人工智能等前沿科技领域的复杂议题，通过虚构的故事情节和丰富的人物塑造，让读者在享受阅读乐趣的同时，也能对科学技术有更深入的理解和思考。

4. 科技节日

为了进一步推动科普事业的发展，智利国家科委决定设立"国家科技节"，定于每年10月的第一个星期天举行，旨在通过丰富多彩的活动和节目，广泛宣传和普及科技知识，提高民众尊重知识、尊重人才的意识。政府和社会各界将共同组织科普展览、科技竞赛、科普讲座等一系列活动，为公众提供了一个学习、交流和体验科技的平台。

智利的科普概况呈现出多元化、普及化和创新化的特点。通过科技馆、博物馆、科普活动、科普作品以及科技节等多种形式的努力，智利正逐步构建起一个完善的科学教育体系，为提升公众科学文化素养和推动科技进步作出积极贡献。

第六节　主要经验启示

通过对世界主要国家科普状况的比较分析，从中总结出几点经验，得出若干启示。

（一）围绕社会热点和公众关注开展科普

针对社会热点开展科普是一条有效途径。有一些社会热点、焦点问题的科技背景比较复杂，易在群众中引发不同意见，这时科学的判断是最权威的、解释是最有分量的。科技界及时发声，公布权威意见，予以科学解读十分关键。

（二）推动科技资源服务公众科普需求

科学家和科研机构参与科普是责任，也是义务。中国科研机构特别是大学应该学习他国的经验，普遍向公众开放，组织开展科普活动，在科研项目中，设立科普内容，增加科普内容作为科技绩效考核指标。

（三）科普应与学校科技教育紧密结合

在激发青少年的科学兴趣方面，课外科学教育往往比学校更为有效。国外的青少年科技活动多为广泛参与的活动，以获奖、竞赛为目的的活动较少。许多有成就的科学家甚至是诺贝尔奖获得者都认为，参观科技馆是他们童年时代最难忘的科学教育经历。中国应推进中小学阶段的科学教育，鼓励学校开设科学教育课程，拓宽学生的知识面，提高学生的探究能力。

（四）建立多渠道多元化科普投入体系

借鉴他国的经验，中国应考虑每年拨出专款建立科普基金，实行面向全社会各类机构、企业、个人的科普项目资助制度。应建立调动社会力量的激励机制，出台优惠政策，广泛吸纳境内外企业、个人的资金支持科普事业。

（五）加强科普国际交流促进资源共享

中国应借鉴国外举办大型科技活动的经验，在活动的内容和组织形式等方面不断创新；引进国外的优秀科技展览、影视作品、科普图书等，提高中国的科技展览和作品创作水平；同时，把中国的优秀科普作品、展览和活动推介给国外，充分展示中国科技创新成果和科普发展成就。中国应牵头组织大型国际科普活动、青少年科技竞赛活动，体现大国担当，促进世界科技创新与科学普及协调发展。

参考文献

[1] 中共中央，国务院. 关于加强科学技术普及工作的若干意见 [Z]. 1994.

[2] 朱丽兰.《中华人民共和国科学技术普及法》释义 [M]. 北京：科学普及出版社，2002: 4-11.

[3] 国务院. 国家中长期科学和技术发展规划纲要（2006—2020 年）[M]. 北京：人民出版社，2006.

[4] 全民科学素质行动计划纲要：2006—2010—2020 年 [M]. 北京：人民出版社，2006.

[5]《国家创新驱动发展战略纲要》[Z]. 2016.

[6] 财政部，海关总署，税务总局.《关于"十四五"期间支持科普事业发展进口税收政策的通知》[Z]. 2021.

[7] 国务院. 国务院关于新时代支持革命老区振兴发展的意见国发〔2021〕3 号 [J]. 当代农村财经，2021(3): 35-38.

[8] 中央宣传部，中央文明办，科学技术部，等. 七部委联合通知要求切实做实科普宣传 [Z]. 2003.

[9] 财政部，国家税务总局，海关总署，等. 关于鼓励科普事业发展税收政策问题的通知 [Z]. 2003.

[10] 全国人民代表大会.《中华人民共和国国民经济和社会发展第十四个五年规划和 2035 年远景目标纲要（草案）》[Z]. 2021.

[11] 科学技术部，中央宣传部，国家发改委，等. 关于科研机构和大学向社会开放开展科普活动的若干意见 [Z]. 2006.

[12] 科学技术部，教育部，中国科协，等. 关于加强国家科普能力建设的若干意见 [Z]. 2007.

[13] 中国气象局.《气象科普发展规划（2019—2025 年）》[Z].2018.

[14] 科学技术部. 关于修改《国家科学技术奖励条例实施细则》的决定（第一次修改）[Z]. 2004.

[15] 科学技术部. 关于修改《国家科学技术奖励条例实施细则》的决定（第二次修改）[Z]. 2008.

[16] 中央宣传部，财政部，文化部，等. 关于全国博物馆、纪念馆免费开放的通知 [Z]. 2008.

[17] 中华人民共和国科学技术部. 中国科普统计 2010—2022 年版 [M]. 北京：科学技术文献出版社，2023.

[18] 邱成利. 加强我国防震减灾科普工作的主要对策 [J]. 城市与减灾，2020(4): 2-8.

[19] 邱成利，邢天华. 树立科学理念普及救助方法是防震减灾的关键 [J]. 城市与减灾，2019(2): 45-50.

[20] 邱成利. 科技馆发展探析 [J]. 中国科技资源导刊，2018，50(5)：99-105.

[21] 邱成利. 防震减灾 科普先行：深刻理解认真贯彻落实《加强新时代防震减灾科普工作的意见》[J]. 中国应急管理，2018(7): 12-15.

[22] 高宏斌，郭凤林. 面向 2035 年的公民科学素质建设需求 [J]. 科普研究，2020, 15(3): 5-10.

[23] 王福生. 政策学研究 [M]. 成都：四川人民出版社，1991.

[24] 裴世兰，鄂雁祺，李娥，等. 报纸科普的现状分析和对策研究：

以《人民日报》等 4 份报纸为例 [J]. 中国科技论坛，2010(11): 98-104.

[25] 裴新宁，刘新阳. 为 21 世纪重建教育：欧盟"核心素养"框架的确立 [J]. 全球教育展望，2013, 42(12): 89-102.

[26] 李宇航，王文涛，陈其针，等. 我国科普奖励现状探析 [J]. 今日科苑，2020(9): 68-74.

[27] 陈强. 中华人民共和国科学技术普及法 [M]. 北京：中国法制出版社，2002.

[28] 王小明，张光斌，宋睿玲. 科普游戏：科普产业的新业态 [J]. 科学教育与博物馆，2020, 6(3): 154-159.

[29] 王小明. 数字时代的科普产业 [J]. 科学教育与博物馆，2021，7(1): 1-5.

[30] 王小明. 融通创新，协同发展：科普场馆的文创探索之路 [J]. 科学教育与博物馆，2018，4(4): 223-227.

[31] 赵兰兰. 城镇社区居民科普需求及满意度调研：以北京市为例 [J]. 科普研究，2018, 13(5): 40-49.

[32] 陈红. 大数据技术对科普工作的影响 [J]. 信息与电脑（理论版），2016(17): 128.

[33] 陈涛. 关于科普信息化平台建设的思路与策略 [C]// 中国科普理论与实践探索——第二十三届全国科普理论研讨会论文集. 南京，2016: 31-35.

[34] 华世勃. 改善基层科普服务的几点思考 [C]// 中国科普理论与实践探索——第二十一届全国科普理论研讨会论文集. 哈尔滨，2014: 143-147.

[35] 宋昕月. 基于网络媒体的公众参与科学传播模型 [J]. 今传媒，2017, 25(7): 53-55.

[36] 王宇，范磊．探讨移动短视频作为信息化科普传播方式的发展前景 [C]// 中国科普理论与实践探索——新时代公众科学素质评估评价专题论坛暨第二十五届全国科普理论研讨会论文集．北京，2018: 341-349.

[37] 徐怀科．科普服务市场化机制研究 [C]// 安徽首届科普产业博士科技论坛——暨社区科技传播体系与平台建构学术交流会论文集．芜湖，2012: 112-115.

[38] 张志敏．推动赛事良性发展 促进科普创作激励体系建设 [J]．科协论坛，2018, 33(12): 23-24.

[39] 莫扬，彭莫，甘晓．我国科研人员科普积极性的激励研究 [J]．科普研究，2017, 12(3): 26-32.

[40] 张晓磊，郭健全，王立良．我国科普动漫税收激励政策研究 [J]．科技和产业，2016, 16(2): 155-158.

[41] 钱贵晴．对专业化科技教育、传播与普及队伍建设的研究 [J]．科普研究，2008, 3(2): 52-56.

[42] 李梦飞．以上海科技馆为例的科普场馆志愿者队伍建设探析 [J]．中阿科技论坛（中英文），2021(2): 39-41.

[43] 韩凤芹，周孝，史卫，等．我国财政科普投入及其效果评价 [J]．财政科学，2018(12): 19-35.

[44] 高建杰．科普筹资多元化机制研究：以潍坊市为例 [D]．济南：山东大学，2013.

[45] 刘悦．互联网＋时代科协宣传工作新探索 [J]．科协论坛，2018, 33(5): 43-44.

[46] 龙爱民．国家科普工作的重要战略力量：关于科协在新时代科普工作格局中定位的再思考 [J]．科技通报，2021, 37(1): 117-123.

[47] 杨敏，韩剑锋，蒋之炜．浙江省"十四五"时期加强企业科协

建设对策研究 [J]. 今日科技，2021(3): 56-58.

[48] 冯钰. 智慧科协建设需求调研情况分析报告 [J]. 科协论坛, 2018, 33(5): 40-43.

[49] 包明明. 高新技术园区高新技术成果科普化对策研究：以中关村为例 [J]. 合肥工业大学学报 (社会科学版)，2017, 31(3): 45-49.

[50] 钱芳. 高新技术企业知识产权有效管理策略探究 [J]. 中国集体经济，2021(10)：112-113.

[51] 王良熙，刘少俊，方延风. 福建省高新技术企业知识产权产出与科研项目数据挖掘 [J]. 科技和产业，2020, 20(12): 14-19.

[52] 李文艳，陈军. 加强高校科普工作的实践探索：以吉林大学为例 [J]. 学会，2020(1): 49-53.

[53] 李成范，周时强，刘岚，等. 高校科普工作中存在的问题及对策 [J]. 科技传播, 2017, 9(22): 190-192.

[54] 龙金晶. 中国流动科技馆 2019 年工作报告 [R]. 2019.

[55] 国家图书馆研究院.《2019 年度中国数字阅读白皮书》发布 [J]. 国家图书馆学刊, 2020, 29(3): 10.

附　录

中国科普大事记（1994—2024）

1994 年，中共中央、国务院《关于加强科学技术普及工作的若干意见》印发。

1996 年，科学技术部、中央宣传部、中国科协召开全国科普工作会议，时任中共中央总书记江泽民接见会议代表，会议表彰全国科普工作先进集体和先进工作者，为全国青少年科技教育基地授牌。

1996 年，中央宣传部、科学技术部、卫生部等部门启动全国文化科技卫生"三下乡"活动。

1999 年，时任中共中央总书记江泽民对科学技术部、中央宣传部、中国科协召开的全国科普工作会议作出重要指示。会议表彰全国科普工作先进集体和先进工作者，为全国青少年科技教育基地授牌。

2001 年，国务院同意每年五月第三周为科技活动周，在全国范围开展群众性科技活动。

2001 年，时任中共中央总书记江泽民对科技活动周作出重要指示，2001 年全国科技活动周在劳动人民文化宫举办。

2002 年 6 月 29 日，《中华人民共和国科学技术普及法》颁布实施。

2002 年，科学技术部、中央宣传部、中国科协召开全国科普工作会议，时任中共中央政治局常委、国务院副总理李岚清出席会议并作重要讲话。会议表彰全国科普工作先进集体和先进工作者，为全国青少年科技教育基地授牌。

2003 年，财政部等部门印发科普税收优惠政策。

2003 年，科学技术部等部门印发科普税收优惠政策实施办法。

2003 年，科学技术部启动全国科普统计调查。

2004 年，科学技术部启动科技列车行活动。中国科学院启动"公众科学日"活动。

2005 年，全国科技进步奖设立科普作品奖，7 部科普作品被评为全国科技进步奖二等奖。

2005 年，《国家中长期科学和技术发展规划纲要（2006—2020 年）》，科普成为其中一章。

2006 年，科学技术部等部门印发《关于科研机构大学向社会开放开展科普活动的若干意见》。

2007 年，科学技术部等部门印发《关于加强国家科普能力建设的若干意见》。

2010 年，科学技术部、中央宣传部、中国科协表彰全国科普工作先进集体和先进工作者。

2011 年，科学技术部印发《国家"十二五"科普发展专项规划》。

2011 年，科学技术部启动全国优秀科普作品推荐活动。

2011 年，中国科协等部门表彰全民科学素质行动计划实施工作先进集体、先进个人。

2014 年，科学技术部启动全国科普讲解大赛。

2015 年，时任中共中央政治局常委、国务院总理李克强对全国科技活动周作出重要批示。

2015 年，科学技术部、中国科学院启动全国科普微视频大赛。中国科协等表彰全民科学素质行动计划实施工作先进集体、先进个人。

2016 年，科学技术部、中央宣传部印发《中国公民科学素质基准》。

2016 年，科学技术部启动科普援藏活动。

2016 年，科学技术部、中央宣传部印发《"十三五"国家科普和创新文化建设规划》。

2016 年，科学技术部、中央宣传部、中国科协表彰全国科普工作先进集体、先进工作者。

2016 年，中央宣传部等 15 个部门表彰全国文化科技卫生"三下乡"先进集体和先进个人。

2017 年，科学技术部、中国科学院首次在中国科学院古脊椎动物与古人类研究所、北京天文馆举办"科学之夜"活动。

2016 年，科学技术部命名国家重大科技基础设施 500 米口径射电天文望远镜为首个国家科普示范基地。

2017 年，上海市人民政府设立"科技节"。

2017 年，全国科技活动周首次设置闭幕式，在上海举行。

2017 年，科学技术部、国家民委等部门组织"科技列车西藏行"活动。

2017 年，科学技术部、中国科学院启动全国科普实验展演汇演活动。

2017 年，香港特别行政区政府与科学技术部在香港举办"创科博览活动"。

2018 年，国务院机构改革，全国科普和科学传播工作职能由科学技术部政策法规监督司调整到科学技术部引进国外智力管理司。

2019 年，深圳高交会设立中国科普产品展区，时任中共中央政治局委员、广东省委书记李希参观中国科普产品展区。

2020 年，科学技术部、中央宣传部、中国科协表彰全国科普工作先进集体、先进工作者。

2021年，财政部等部门印发"十四五"期间科普税收优惠政策，科普展品、科学仪器、专用软件首次纳入免税范围。

2021年，国务院印发《全民科学素质行动规划纲要（2021—2035年）》。

2022年，科学技术部、财政部、税务总局、海关总署印发科普税收优惠政策实施办法。

2022年3月30日，科学技术部组织召开全国科普工作联席会议，41个成员单位领导出席会议，研究部署全国科普工作。

2022年，全国人大常委会启动《科普法》执法检查工作，《科普法》修改工作纳入全国人大常委会立法计划。

2022年8月16日，科学技术部、中央宣传部、中国科协正式公布《"十四五"国家科学技术普及发展规划》。

2022年9月4日，中共中央办公厅、国务院办公厅印发《关于新时代进一步加强科学技术普及工作的意见》。

2023年2月21日，中共中央政治局2月21日下午就加强基础研究进行第三次集体学习。中共中央总书记习近平在主持学习时对加强科普工作作出重要指示。

2023年5月20日，中共中央政治局常委丁薛祥出席2023年全国科技活动周暨北京科技周启动式活动。

2023年7月20日，中共中央总书记习近平给"科学与中国"院士专家回信。

2023年9月18日，中共中央政治局常委蔡奇参加2023年全国科普日主场活动。

2023年9月22日，财政部、税务总局发布《关于延续实施宣传文化增值税优惠政策的公告》，2027 年 12 月 31 日前，对科普单位的门票收入，以及县级以上党政部门和科协开展科普活动的门票收入免征增值税。

2024 年 5 月 26 日，中共中央政治局常委丁薛祥出席 2024 年全国科技活动周暨北京科技周主场活动时强调，大力弘扬科学家精神，为建设科技强国汇聚智慧和力量。

全国科技类博物馆名单

近年来，中国科技类博物馆的数量持续增长，通过各种互动展览和教育活动，激发了公众尤其是青少年对科学的兴趣和探索欲望，成为普及科学知识、传播科学思想的重要平台。随着我国科普事业的不断发展，科技类博物馆将继续作为科学文化传播的前沿阵地，为提高国民科学素养作出贡献。全国科技类博物馆名单请扫描下方二维码查看。